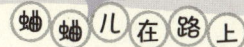

U0755600

小状元情商培养系列

ZIWO CHENGZHANG PIAN
自我成长篇

兰精灵 著

四川科学技术出版社
·成都·

图书在版编目（CIP）数据

小状元情商培养系列. 自我成长篇 / 兰精灵著. 一成都：四川科学技术出版社，2014.4

ISBN 978-7-5364-7613-4

Ⅰ. ①小… Ⅱ. ①兰… Ⅲ. ①青少年—情商—能力培养 Ⅳ. ①B842.6

中国版本图书馆 CIP 数据核字（2013）第 074722 号

小状元情商培养系列

自 我 成 长 篇

出 品 人	钱丹凝
著 者	兰精灵
策 划	冯莉
责任编辑	冯莉
装帧设计	喜唐平面设计工作室
插 图	大黄蜂工作室
责任校对	王初阳
责任出版	周红军
出版发行	四川科学技术出版社
	成都市三洞桥路 12 号　邮政编码 610031
成品尺寸	162mm × 228mm
	印张 12　字数 134 千
印 刷	四川新华印刷有限责任公司
版 次	2014 年 4 月第一版
印 次	2014 年 4 月第一次印刷
定 价	24.00 元

ISBN 978-7-5364-7613-4

作者简介

嗨，大家好！

我是一只精灵，一只有魔法的精灵。来，认识一下吧，哦，对了，先握手，再拥抱，然后，然后——听我做自我介绍：

兰精灵，本名杨士兰，初中语文教师，国家二级心理咨询师，儿童文学作家。

在《儿童文学》《少年文艺》《中国校园文学》《故事大王》《意林》等少儿杂志发表童话、小说近百篇。2011 年、2012 年、2013 年在《探索财富》杂志连载财商故事《钱眼里的世界》；2013 年在《少年大世界》连载奇幻故事《寻找挂坠的男孩》。

2010 年 4 月，原创财商教育童话书《我是快乐小富翁》由吉林人民出版社出版。

2011 年，改编少年版《汤姆索亚历险记》由吉林人民出版社出版。同年，改编少年版《秘密花园》和《小公主》由湖北少儿出版社出版。

2012 年 6 月，幼儿童话绘本《儿童成长必知魔法系列》由黑龙江美术出版社出版。

作品《紫罗兰乐队》入选《中国当代儿童文学精品库——六十年佳作典藏》童话卷。

四篇作品入选未来出版社《2011 年最值得推荐的儿童文学作品》（小说卷）（散文卷）（童话故事卷）。

二十万字家教书《中等生突围》由山东大学出版社出版。

一套（三本）少儿小说《心理小侦探》系列，即将由未来出版社出版。

精灵很幸福，因为可以给小朋友们写故事，因为可以用学到的心理学知识陪伴小朋友们长大……你们呢？你们幸福吗？

前言

精灵曾经不够快乐，因为我的学生们学习压力很大，我的教学压力也很大。

为了改变这种情况，我学习了心理学。

精灵的改变就从接触心理学那一刻，慢慢开始了。我变得快乐起来，我的学生们的变化也悄悄开始了，他们也开朗快乐了。

我给学生们上了五天一期的心理活动课，每天一个半小时，这七个多小时，成为我们师生之间永远美好的回忆；

我和学生们一起画自画像，然后一起讨论我们的性格以及以后的发展方向；

我给学生们做过四种人格特质的测试，好长一段时间，"抑郁质""多血质"等等名词挂在了孩子们的口边；

……

通过这些，精灵发现进入青春期的孩子们有了了解自身的强烈愿望，不由得想起希腊特尔斐神庙上的箴言："认识你自己！"原来认识自己是最难的，但又是每一个人最本能的需求。

于是，我在自己的课堂上穿插了一些有趣的心理学知识，把心理学的一些研究成果用孩子们可以接受的语言娓娓道来，学生们竟然听得津津有味。

于是，就有了你们拿到手里的这套丛书。

精灵收集了自己的一些作品，有小说也有童话，打破了文体的界限，按照《自我成长篇》《沟通关系篇》《情绪管理篇》编排，在每个故事后面，用《蛐蛐儿在路上》一文中的一只蛐蛐儿小红点儿为线索人物，穿插了一些心理知识。既有曲折有趣的故事，又有一些心理自助的知识，达到故事和知识完美结合，再配以活泼、灵动、优美的卡通形象或漫画，期待能带给同学们视觉和心理上的双重享受。

目 录

目录

自我认识

"瞧一瞧"和乔祎方

今天以前，乔祎桥倒是没觉出自己的名字有什么不好，除了笔画有点多之外。虽然，同学们常叫成"瞧一瞧"，不过，好像这也没什么大不了的吧！

不过，今天，可有点不自在。

刚才，"土豆"走过，拍着他的肩，回头叫："瞧一瞧！"脸上挂着细碎的笑容，闪烁在黄昏的光影里。一个女同学匆匆走过，听到了，回头一望，正望见乔祎桥乐颠颠地"哎"了一声，以示答应。只见马尾辫一扫，那个女同学就走远了。乔祎桥咧开的嘴巴好长时间回不去，她的表情是什么？脸上好像有淡淡的笑，又好像没有？眼神里也许有一抹嘲讽？乔祎桥摇摇头，也许没有！他动用双手的力量，把分开太久的上嘴唇和下嘴唇归拢到一起，才觉出腮帮子有点累！他揉着腮帮子，嘟嘟囔囔地安抚它："受累了，您哪！人家不是笑咱呢！咱有啥子好笑的嘛！"

可是，周围没有别人呀！那么文静的一女同学总不会平白无故地回头看吧！那就是在看我！"瞧一瞧"？就是嘛，你让人家瞧一瞧呢，人家可不是得瞧一瞧吗？该死的"土豆"，疙疙瘩瘩的"土豆"，被虫虫咬了的"土豆"，干吗当着女同学的面叫人家外号呢？

质问"土豆"去！"土豆"倒是一脸的无辜，竟然比他还有理！

"我怎么叫你的外号了？你不就是叫乔祎桥吗？韩乔生的'韩'，错啦，错啦，韩乔生的'乔'，费祎的'祎'在字典上有'美好'之意，石拱桥的'桥'，多么有水准的名字！你有什么证据指控我叫你的外号？"

乔祎桥顿时目瞪口呆，张口结舌。

唉！不怨天，不怨地，只怨爹娘给起错了名字。

"爸，妈！我要改名字！"

乔爸爸和乔妈妈看着儿子："莫名其妙！名字也是瞎改的？"

"同学们都叫我'瞧一瞧'，什么'瞧一瞧，看一看啦'，我怎么老觉得自己贼眉鼠眼的呢！整个一鼠目寸光、胸无点墨！"

"怎么跟爸妈说话呢？小孩子，去去！你爸翻了 N 次字典才翻到了这么个美好的名字！想改？不行！"老爸一脸的得意，老妈一脸的坚决。

老妈说着说着倒笑了："儿子，你要是想改名字，到底改成什么呀？"

又一次张口结舌。

"砰！"儿子关上了房门。门外爸爸妈妈大眼瞪小眼，"扑哧"笑出了声。

气哼哼地打开课本、作业本，满眼都是"乔祎桥"，"乔祎桥"，看见这个名字就来气，看见这三个字就来气。那个女同学似笑非笑的神情，又恍惚在眼前。"瞧一瞧"真好笑！有叫"瞧一瞧"的吗？有什么好瞧的？鼠目寸光，目光短浅，我，小学都要毕业了，我，堂堂一男子汉，颜面扫地呀！我要瞧远方，才不要像小老鼠一样，瞧一瞧，再瞧一瞧！

对了！有了！我要叫"瞧远方"，耶！欢呼！我要叫"乔远方"！感谢我的上帝！感谢我的聪明才智！哦！说到最后，还得感谢赋予我聪明才智的老爸老妈！

立马改名，所有乔祎桥的归属权统统划归乔远方。"瞧一瞧"退出历史舞台，哈哈，你已经光荣地完成了你的历史使命，新的世界将属于伟大的乔远方先生。

乔祎桥，不对！从现在开始，就要叫乔远方了。乔远方拿着课本、作业本、笔记本，一一改名，搞定！来一个"先斩后奏"！给爸妈一个临睡前的最后通牒："我有决定自己叫什么的权利！我刚出生，你们趁我少不更事，剥夺了我的权利。今天，就是现在，我收回，我宣布，我叫乔远方了！我要目视远方、胸怀远方。决不做瞧一瞧、看一看的小老鼠！"

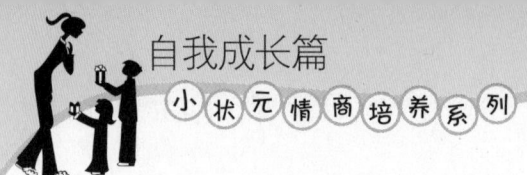

留给目瞪口呆的爸妈一个坚决的有些幼稚的背影，"哎——"爸妈张了半天嘴巴，只好相对一望，无奈地苦笑。"反正户口本在我们手里，叫什么还能由你一孩子说了算！"

"我宣布一个重大事件！"第二天，一进教室，昨晚刚刚诞生的崭新的乔远方就站在讲台上宣布。

"什么事儿？"

"这么正儿八经的！"

"注意！本人——"下面有人接口，"瞧一瞧"。"停！本人从今天开始，不，确切地说，是昨天晚8点58分，改叫乔远方了！"

全班哗然。

"土豆"窜上台来："嗨，瞧一瞧……"话没说完，乔远方的食指就竖了起来，指向"土豆"："请注意，我叫乔远方！以后，谁再叫我瞧一瞧，别怪我不认识你！OK？"

"噢，噢，乔——什么来着？对！远方，你——我——我忘了说什么了，得！你改名字了！好！鼓掌！"赵本山式的忽悠叫醒了全班的掌声，轰轰烈烈地完成了乔远方的改名仪式。

小升初的考试说来可就快了！乔妈妈接到乔远方班主任的一个重大电话：

"乔远方改名的事儿，您知道吧？"

"啊？"乔妈妈一时没反应过来，"嗯，知道吧！"语气有点含糊。

"升学考试一定要写和户口本一致的名字，因为，进入初中要给学生建立统一的学籍，学籍上的名字一定要和户口本上的名字一致，否则是会影响中考，甚至高考的！"老师加重语气强调。

"谢谢老师！"放下电话，乔妈妈出了一身冷汗。改名的事儿得提到议事日程上来了，影响了中考、高考，可不是闹着玩儿的！怎么办？

晚上，三方会谈，在乔家客厅里隆重举行。

双方陈述理由。

乔远方对于父母陈芝麻烂谷子的老掉牙的理由不屑一顾，父母对儿子鼠目寸光的评价不予接受。双方谈判陷入僵局。

乔远方孤注一掷，耍起了无赖："我的名字我做主，反正我试卷上就写乔远方，剩下的事儿你们看着办吧！"

爸爸妈妈又一次大眼瞪小眼，怎么办？你总不能拿着他的手，替他往试卷上写名字吧！一个晚上的长吁短叹之后，乔爸爸先明智地让步了，长叹一声："儿大不由爷，由他去吧！只是可惜了我的心血呀！"

然后，穿衣出门，去学校开证明信、进居委会、跑派出所、转公安局，跑了好几天，终于在升学考试之前，用一枚鲜红的公章承认了"乔远方"的合法地位。

"恭喜你呀！乔远方同学！"妈妈把户口本拍在乔远方面前。

远方出人意料地平静，其实，他心里正翻腾着个小秘密，可不能让爸爸妈妈知道，那就是：怎么才能让那位女同学知道，我不叫瞧一瞧，我叫乔远方。

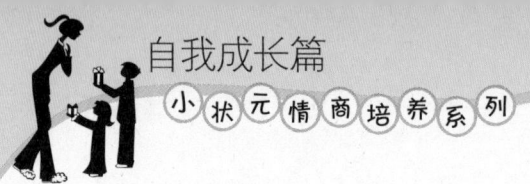

　　嗨！大家好，我是一只行走在成长路上的蛐蛐儿，我的名字叫小红点儿，关于我的故事，详见本书中的《蛐蛐儿在路上》，性急的小朋友可以偷偷摸摸往后翻一翻，嘿嘿，性子不急的小朋友，听我继续道来。话说，我小红点儿不知不觉进入了青春期——我的天！不知不觉地，刺激多了，烦恼多了，朋友来了，又走了，多了，又少了……这是怎么啦嘛！小盆友们陪我走一走、看一看，好吗？这里有好玩的故事，更重要的是在故事里，我们一起去探一探、索一索，嘿嘿，就是探索探索我们的身体和心理到底是怎么啦？

心理效应

聚光灯效应

不知道从什么时候开始的，我忽然感觉仿佛站在舞台上、聚光灯下似的，周围都是观众，无数双眼睛都盯着自己，貌似还指指点点地说我这不好、那不行！衣服搭不搭？鞋子干净不干净？触角乱了没？天哪！你们干吗都看我？受不了啦！

实际上，一切都是我们想象出来的，因为进入青春期的小朋友，对自我的认识发展到了"自我中心"阶段。

心理实验室

有趣的"伤痕实验"

小朋友们准备好了吗？请跟小红点儿进入实验室，嘘——安静，安静！实验马上开始：

幕后指使者：心理学家。

实验参加者：专业化妆师、小红点儿、学生甲、学生乙。

实验地点：没有镜子的小房间一人一间、医院。

实验步骤：

1. 我被带到一个小房间里，咦？那两个人呢？哦，一人一间，谁也不干扰谁哈。一位美丽的姐姐走进来，在我的左脸上画了半天，她画了什么？

7

2. 漂亮姐姐拿来一面小镜子，让我照，妈呀！我的左脸上，一道血肉模糊的伤痕，悲惨得很！

3. 姐姐拿走了镜子，说："我需要在这道伤痕表面再涂一层粉末，这样才不会被蹭掉。"说着，又在我的左脸上抹了半天，我的脸蛋呀，遭罪啦。

4. 这是要带我去哪里呀？淡淡的来苏水味道传过来，医院呀，带我到医院来干吗？

5. 我坐在候诊室里，如坐针毡，来来往往的人们真讨厌，干吗总盯着人家的脸看，不就是有道血淋淋的伤痕吗？看什么看？看不出来是假的吗？讨厌不讨厌吗？

6. 半小时后，我被带回实验室，心理学家出现了，问我刚才的感受，说完之后，一脸坏笑地递给我一面镜子。我的天哪！我的脸上干干净净，哪有什么血？哪有什么伤嘛？搞什么搞？对，肯定是涂什么粉末的时候，把伤痕擦掉了，骗人！心理学家最会骗人啦！

原来，我们接收到的别人对我们的态度，是自己想出来的哈。"别人是用你看待自己的方式看待你。"心理学家的这句话值得好好琢磨啦。

蛐蛐儿故事会

欢迎大家来到蛐蛐儿故事会，桃树底下，每晚不见不散哟。今天给大家带来的是著名儿童文学作家金波的小故事《小狗的铃铛》：

小狗的铃铛

有一只小狗，人们都叫他"丁零当啷"。

怎么叫这么一个怪名字呀？因为小狗的脖子上戴着一个金光闪闪的铃铛，一走起路来就"丁零当啷、丁零当啷"地响。

人们一听到这铃声，就说："小狗来了，欢迎，欢迎！"

小狗到处受到欢迎，走起路来就神气起来了。他无论走到哪里，都把铃铛摇得很响很响，为的是让大伙儿都能听见，好热烈地欢迎他。

忽然，有一天，小狗的铃铛丢了，无论他走到哪儿，都悄没声儿。

小狗觉得很奇怪：人们怎么不理我了？

小狗晃晃脑袋，一点儿声音都听不到了。他跳一跳，还是没有声音；他又跑一跑，还是没有声音。

小狗又着急、又害怕，难道我把自己给丢了？这世界上再没有我"丁零当啷"了？人们再也不欢迎我了？我把自己丢了？

小狗一想到这里，就呜呜地哭起来了。他哭得真伤心啊，眼泪哗哗地往外流。

小青蛙一蹦一跳地来到小狗眼前：

"怎么啦，丁零当啷？"

小狗一听小青蛙还在叫他"丁零当啷"，就勾起了他的伤心事，一边哭一边说：

"别问了，别问了，我把自己给丢了！"

小青蛙见他哭得这么伤心，就把他领到镜子跟前，指着镜子里的小狗说：

"你仔细看看，这不是你吗？"

小狗眨巴眨巴眼睛，又看看镜子里，再摇摇头，还是听不到"丁零当啷"的响声，就又哭起来了，一边哭一边大声喊着：

"那不是我，不是我。我是'丁零当啷'。现在听不到'丁零当啷'的声音了，我把自己给丢了。呜呜呜……呜呜呜……"

小青蛙真拿他没办法，叹叹气，只好走开了。

小青蛙走了很远很远，还听到小狗一边哭一边喊着：

"怎么办呀，我把自己给丢了！呜呜呜……呜呜呜……"

没有了脖子上的铃铛，小狗还是"丁零当啷"吗？

心理自助餐

我小红点儿还打理着一家心理自助餐厅，在这里，你可以随意DIY美味的心理大餐呢，凉拌、红烧、清蒸、爆炒……你的地盘你做主好啦。

小狗把自己弄丢了，小朋友们，你们有什么好办法，可以帮他找回自己呢？

最美的兔子

萝卜村的村民不是萝卜，是什么？当然是兔子喽！

萝卜村有一座萝卜学校，学校里的学生，当然也是兔子了。但是，正如小朋友们所想，萝卜学校的课程当然不是语文、数学，而是萝卜，主要课程有：萝卜的播种、萝卜的管理、萝卜的采收、萝卜的深加工。这些课程都是和小兔子们息息相关的，他们学得可带劲了。

当然，当然，他们的课堂也正象小朋友们盼望的那样，就在田野里、大树下、萝卜地里，一边讲解，一边实习。一下课，小爪子就脏了，沾几团泥巴巴；小脸也花了，流了几道道汗水；身上雪白的毛灰了、乱了，一身的土。可是，小兔子们高兴呀！他们就快毕业了，马上就能分到一块自留地，种自己的萝卜，用自己的劳动来填饱自己的肚子了。

一只麻雀飞来了，带来一个惊人的消息："世界美兔大赛要开始了。"

五颜六色的树叶宣传单纷纷扬扬地落下来。这下，课堂的秩序乱了，同学们争抢宣传单。宣传单上这样写着：

"世界美兔大赛开始了，你想成为世界美兔吗？你知道什么样的兔子最美吗？如果你有一双修长的耳朵，请你来参加；如果你也有一身雪白的绒毛，你一定要参加；如果你也有一双火一样红的眼睛，你更要来参加；如果你还有一条绒球般可爱的尾巴，那么，世界美兔的桂冠就非你莫属了。

"请选手们于10月6日前准备好，届时将有老鹰飞行队迎接选手参赛。

"参赛地址：美丽森林广场。

"比赛时间：10月8日。"

一阵安静，忽然雪儿大叫："去河边！"一群兔子一窝蜂赶到河边，只剩下哭笑不得的老师白羽。

这是一条青石作底的小河，浅浅的。到河边干什么？照影子呀！清澈的河水里映出了一群肮脏的小兔子。背上的毛乱糟糟的，雪儿的爪子上沾了几个泥疙瘩，云儿的耳朵上挂着一截枯黄的草棍，牛牛的脸上抹了两道汗迹，毛毛更可笑了，他正侧身欣赏自己绒球般可爱的小尾巴，天哪！尾巴上扎着三颗青蒺藜，用爪子去摘，又挂在了爪子上，只好在泥土里蹭，好容易蹭掉了。其实，毛毛把蒺藜埋在土里了，一边拍实土地，一边恨恨地说："叫你给我毁容！"听听！这叫什么话？蒺藜冤枉得都要哭了，不过，它对自己的环境很满意，又潮湿又松软，算了吧！蒺藜就舒舒服服地睡着了。

咦！同学们呢？毛毛摆脱了蒺藜，抬头，河边只剩下了自己。

"毛毛，来呀！"

哎呀！他们都跳下水了，毛毛恍然大悟："洗澡去！"扑通——

一只只雪白的兔子爬上岸，在温暖的阳光下，开始整理自己的绒毛，河水渐渐恢复了平静，水里零碎晃动的兔影重新拼合起来。

"我的耳朵不够长！"云儿抻耳朵。

"我的眼睛不够红！"雪儿揉眼睛。

"我的尾巴不可爱！"牛牛咬尾巴。

"我的绒毛不够白！"

……

河边成了兔子们的课堂，白羽老师光荣又无奈地下岗了，村长又分给了他一块自留地，白羽说要种出世界上最好吃的萝卜。

离比赛还有 5 个月，时间紧迫，但是小兔子们都希望通过训练改善形象，成为萝卜村最美的兔子。

每天洗 10 次澡，抻耳朵 100 次，云儿私自加到 300 次，因为他发现自己的耳朵好像不够长；揉眼睛 20 次，雪儿也有自己的绝招，每天哭 3 回，眼睛会变红；闪电也发明了个好办法：水萝卜榨汁，滴眼，一日 30 滴。这可是秘不外传的呀！是我那天变成一朵云偷偷看见的。

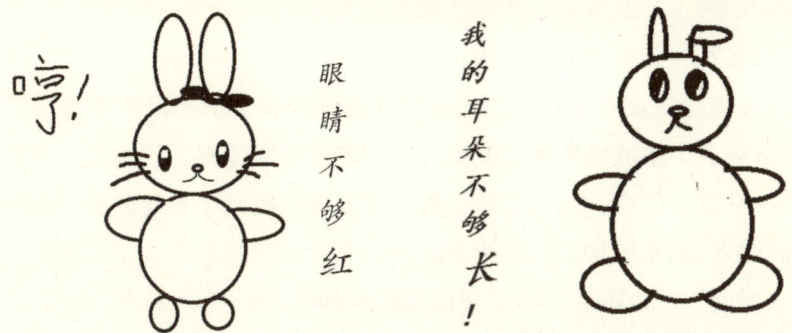

哼！

眼睛不够红

我的耳朵不够长！

为了尾巴更可爱，兔子妈妈们每天都要帮孩子们修剪尾巴，他们不允许哪怕一根毛影响整体美观。

时间一天天逼近了。

可是仓库里的粮食也一天天减少了，小兔子们本来都早该毕业了，能自食其力了。可为了选美，他们一直还是吃父母的粮食，而老兔子们力气不够用了，粮食快枯竭了。

白羽着急了。

老兔子们也着急了。

没关系！没关系！坚持一下嘛！只有小兔子们还在安慰自己。

闪电家的水萝卜没有了，他不用费劲就能哭上 6 回。

雪儿有望成为村子里最美的兔子，白羽老师走家串户劝说其他的同学们放弃选美，重新开始学习、劳动。小兔子们一律摇头："我们要争取！"

怎么办？

老兔子们只好更卖力地干。

可是只吃不干的嘴巴太多了。

从今天开始，萝卜村的村民每天只能吃一顿饭了，离比赛还有 20 多天呢！

每天，老兔子们挥汗如雨。

每天，小兔子们洗澡、抻耳朵、揉眼睛、修剪尾巴。

"最新消息！最新消息！美兔比赛取消了！"小麻雀叽叽喳喳的声音又响起来了，所有兔子的眼睛都看向天上。

什么？宣传单又一次纷纷扬扬。

"经兔世界委员会决定：因美兔比赛对兔世界的劳动秩序造成了极大的破坏，严重威胁兔种族的生存，故取消此次比赛，改为兔世界萝卜大赛，从萝卜的个头儿、水分含量、营养成分等几个方面评定。旨在优化兔家族的膳食结构，改善生存状况。

"时间、地点不变，望兔子们踊跃参加。"

小麻雀一路叫着飞去了。

老兔子们欢呼雀跃。

小兔子们目瞪口呆。

只有白羽老师捧着一个大大的、水灵灵的水萝卜，来到小兔子们中间，清新、鲜嫩的萝卜气息缭绕在小兔子们嘴边，"孩子们，跟我来吧！"

心理学家画廊

　　小红点儿：欢迎大家再次来到心理学家画廊，今天，我们隆重请出一位重量级心理学家——马斯洛。

　　童年时孤独、父亲酗酒、母亲冷漠残酷、缺少关爱的"小马"就在读书中寻求安慰。

　　少年时害羞、内向、敏感，因为是犹太人而遭歧视，整天呆在图书馆里，在书籍中逃避现实。

　　青年时自卑，长得丑不说，体质还虚弱，是阿德勒的《超越自卑》

帮助他走出了自卑。

小红点儿：马斯洛，人本主义心理学家，曾任美国心理学会主席。他系统研究了人的需要和动机，得出的动机理论，被称为"马斯洛需要层次理论"，为人们熟知。后面我们要提到的"高峰体验"这个词儿，也是他提出来的。

马斯洛先生虽然没有一个温馨的家，虽然遭遇 N 多挫折，但是经过自己的努力，终于实现了自我价值，我们为他鼓掌！哗哗哗——

小红点儿写给小兔子们的信

亲，萝卜村的小兔子们，你们好！（用信纸的形式展示这封信的内容，其中的图可以放大单独出来展示。）

恭喜你们终于放弃了美兔大赛，你们这个决定是明智的，符合人类心理发展规律，所以，我宣布，在不远的将来，你们兔子们的智商，将会赶上人类的。

给你们寄去一张《马斯洛需要层次理论图》，马斯洛先生用这幅图向我们解释了：人类行为的动力，来自于这七种需要的满足。比如小兔子们都追求美，都想做兔子世界里的最美兔子，这就是要满足自己对审美的需要，满足需要的渴望就成了一种强大的动力，推动着小兔子们饿着肚子都要洗澡、揉眼睛、美容哦。可是，马斯洛还用这幅貌似"金字塔"一样的图，告诉我们：只有满足了最下层的需要，才可以去追求高层次的需要。哦——我想，我会看到所有的小兔子都会恍然大悟：生存需要得不到满足，就谈不上审美需要的追求了。对喽！吃不饱哪有力气臭美？

衷心地祝愿聪明美丽的小兔子们，可以在兔世界萝卜大赛中，取得好成绩！

忘了偷偷告诉你们，我也喜欢胡萝卜啦！

在路上的蛐蛐小红点儿

马斯洛需要层次理论

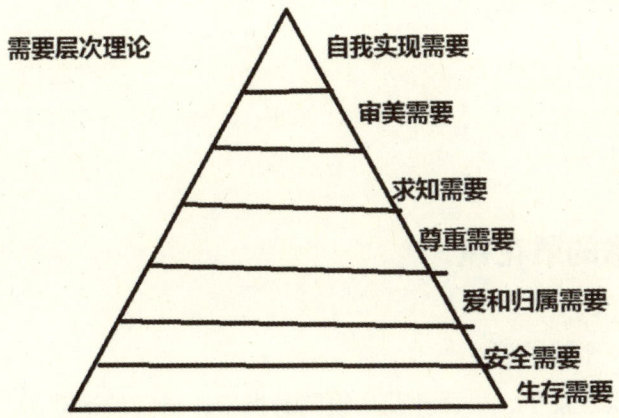

需要层次理论

自我实现需要
审美需要
求知需要
尊重需要
爱和归属需要
安全需要
生存需要

雕花魔镜

梅雪的雕花镜

我是一个镜子控。

我喜欢照镜子,一面菱花小镜随身携带,出门前运动后,清洁、整理、欣赏自己必不可少。

我喜欢关于镜子的典故、传说、童话故事,在破镜重圆的故事中,镜子是分离的人们团聚的信物;唐太宗以人为镜,是治国平天下的大道;老巫婆手中的魔镜是白雪公主的梦魇……

我也喜欢收集镜子,尤其是古色古香、有特色的镜子,哈哈,爱好旅游的老爸给我提供了不少这样的机会,每到一处景点,我都会转遍当地的小摊子,有时候会淘得到一两面新巧的小镜子。各种形状的,各种材质、边框的,各种图案的,只要新奇、拒绝平庸、秒杀雷同、宁缺毋滥哦。所以收藏不算多,但足够有个性,有同道中的妹妹,欢迎光临我的"镜花水月"微博儿。

我想我是个有些慧根、有些福气的女孩儿哈,因为,我淘到了一面魔镜。

暑假里,我到市郊烟云山的镜花庵玩。因为不喜欢人多,所以挑了一个阴天,一个人上山,从前殿走到后殿,脚步轻轻的。

忽然,电闪雷鸣,夏天的暴雨说来就来了,我倒也不急,倚靠着殿门,看如注的暴雨冲刷着地面,听廊檐下雨声叮咚而落,忽然看见有一道水流从年久失修的木门槛下面钻进来，渗进了我脚下的一处裂缝。

蹲下身子去看，裂缝里透出一点点光亮，我伸手进去，摸到一个圆圆的凉凉的东西，大约有我的手掌那么大，拿上来一看，哇——是一面椭圆的雕花镜！

木制的边框被雕刻成一左一右两支如雪的梅花，围绕着中间的铜镜，背面是和边框相同的木质，同样平滑如镜。"哇——我好好喜欢！"我把镜子贴在胸前，我叫梅雪，这面雕刻了如雪梅花的铜镜分明就是为我量身定做的嘛！

庵里的住持无镜师父同意我带走那面镜子，但是她告诉我，这面雕花镜是一面魔镜，里面锁着一道咒语，可以使人越来越美丽，但是伴随而来的还有痛苦，只有破解了这道咒语，才可以同时收获美丽和幸福！

"还要带走吗？现在后悔还来得及。"她问我。

会后悔？才怪！我点点头，又摇摇头，心里已经乐开了花，越来越美丽？哪个女孩不想？我也不要变成大美女，只要比边琪琪漂亮那么一点点就够了。痛苦？会吗？我不信，美丽对于女孩来说是一种资本耶，从小和边琪琪一起长大，总是在她璀璨的光芒下做一颗暗淡的小星星，小星星的经历告诉我：哼，她受宠，还不是因为漂亮？

心理实验室

照镜子的实验

实验组织者：精神病学研究所的研究人员。

实验对象：25 名身体畸形恐惧症患者（总是夸大身体缺陷的人）和 25 名身体健康的人（包括我小红点儿啦）。

实验步骤：

1. 照镜子 25 秒钟。

2. 照镜子至少 10 分钟。

观察结果：

1. 夸大身体缺陷者照镜子 25 秒就焦虑得受不了了，健康者很轻松。

2. 第二次照镜子，身体健康者到了 10 分钟之后，也开始焦虑，开始关注身上自己不那么满意的地方。

实验结论

照镜子时间长了，不是啥好事，会让人过多地关注自己的缺陷。

> 这个疤，太难看！真难看！我要把它藏起来，别叫人看见！

雕花镜的雕花计划

"亲爱的魔镜，你怎样才能让我越来越漂亮呢？"回到家，我看着镜子里平淡无奇的这张脸问。

魔镜真的开口说话了，是一个奶声奶气的声音："亲爱的主人，很高兴为您效劳，雕花计划现在开始，您超重 1.26 公斤，建议您开始减肥计划。"这个声音吓得我跳起来，雕花计划？呵呵，女孩如花，塑造美女的计划开始啦？乖乖不得了，数字精确到小数点后两位数，比电脑还电脑啦。

我的减肥计划在雕花镜的监控下开始了：少吃饭多运动，每天早、中、晚饭后我都会照一照镜子，它就会告诉我距离目标体重还有多少公斤。OK！六天之后，我的体重达标了，完美体重，减一分则太瘦，增一分则太胖。而且，魔镜还告诉我，我的身材无限接近黄金比例，好完美啦！

好神奇的魔镜！我爱魔镜，更爱我超过边琪琪的魔鬼身材！

更神奇的在后边……

第二天照镜子的时候，它说："亲爱的主人，您的眉毛有些粗，和您的脸型不搭，希望您配备眉夹、眉笔等工具，开始秀眉计划！"哇——从整体到部分，塑身工作刚刚完成，雕花魔镜又开始雕塑我的细节啦。我喜滋滋屁颠颠地买回了修眉工具，在魔镜的指挥下开始修眉。

你们能想象得到我亲爱的魔镜精确到什么程度吗？请听：

"亲爱的主人，据我超级无敌魔镜科学计算，您的脸型属于赵飞燕一款的，我为您设计了飞燕眉形，请您积极配合！"

"亲爱的主人，请顺势画右眉线，从左起弧度为174度，到右眉脚弧度为173度，然后，将多余的眉毛尽数拔去……"

"亲爱的主人，请拔去右眉左上角左数第三根眉毛，还有……"

有这么高明的美容顾问细致入微的指导，我修剪出来的眉毛，绝对压倒群芳。

塑造了眉毛，魔镜开始锁定我的唇形。

"亲爱的主人，您的上唇比标准唇形稍厚一毫米，建议您购买唇线笔和唇彩，修饰您的完美双唇！"

不会吧？学生不可以抹唇彩的啦。

不过，为了美丽，我还是去买了唇线笔和最接近自然唇色的唇彩，魔镜可以不必介意校规校纪，我还是必须在纪律和美丽之间找一个平衡的。为了美丽，累一点我也心甘情愿！

每天上学前对着镜子精心描画，看着镜子中的美女微微一笑。

"梅雪，要迟到了，饭还没吃呢！"妈妈的大嗓门响起来了，"每天对个破镜子照，有那功夫，干点正事好不好？小心我把你那破镜子砸烂！"

我也理解老妈：减肥成功后，注意保持就行；秀眉计划完成后，也可以保持一阵子，不用天天修剪；只有这个唇形，吃根薯条、舔几口冰激凌就破坏了，每天都需要时间来描画的。早饭顾不得吃了，也舍不得吃了，不是舍不得那块面包，而是舍不得辛辛苦苦画好的唇形。每天早晨跟打仗似的，匆匆忙忙奔赴学习第一线，还偶有迟到，也难怪妈妈不满意。

不过，为了美丽，为了享受帅哥们有意无意瞟过来的目光，听几句唠叨算什么！

我的皮肤、我的笑容，甚至我的眼神、我的表情……都处于魔镜的严密监控中。

刚对着魔镜一皱眉，魔镜就奶声奶气地叫道："亲爱的主人，皱眉是西施的专利，请您杜绝这样的坏习惯！"我晕！现在，我每天呆在镜子前的时间越来越多，看自己越来越不顺眼，每次照镜子都能发现自己不够完美的地方，不是眉毛变长变粗了、眼神不够专注，就是嘴角弯起来的弧度不到位，要不就是钻出来的某一颗青春痘煞了风景……

看来美丽就是从横挑鼻子竖挑眼中锤炼出来的。

最完美的衣服

"雪儿，明天咱们去步行街买衣服吧。"丁宁和边琪琪叫我，明天是周末。"我……"我嘴里支吾着，脑子里打着小算盘：我想带着魔镜去逛街，今天早晨它还告诉我要开始包装我啦。所以，不能和她俩一起去，不能！没办法，只能撒谎了："明天我表姐要来，你们自己去吧！"

第二天，我带着魔镜去步行街，一只眼睛扫描衣服，留下另一只眼睛躲闪着随时可能出现的丁宁和边琪琪，这就是撒谎的代价。

试穿了一件白色 T 恤，在大镜子面前装模作样地前后左右照着，自我感觉不错！可是魔镜却用低低的声音告诉我："这家店面没有适合你的衣服，请继续搜索。"我已经习惯了唯魔镜之命是从，赶紧脱下 T 恤走人。

呵呵，我可以用两只眼睛提防丁宁和边琪琪的突然出现啦，因为挑选衣服的任务魔镜可以独立完成。

一间一间的店面逛下去，魔镜只有相同的一句话："亲爱的主人，目标不在此处，请继续搜索！"

危险！我扫见了两个熟悉的身影——丁宁和边琪琪！赶紧闪！我拐进身后的一家小店，顺手抓起一条七分裤钻进试衣间。天灵灵地灵灵，亲爱的魔镜快显灵，让她们绕过这家店……

"老板，给我拿这件。"丁宁的声音。我吓得大气不敢出，抄在兜里的手，紧紧抓住魔镜，惨了，惨了！

"里面有位妹妹在试衣服，两位小美女稍等！"女老板和气地解释。

让她们等到不耐烦就走好啦！我默默祈祷：拜托，门外的两位，不耐烦了请自行离开。

门外的两位美女还没有不耐烦，我兜里的雕花魔镜倒不耐烦了。

"亲爱的主人，目标不在此处，请继续搜索！"

"亲爱的主人，目标不在此处，请……"

一遍一遍，大概看我无动于衷，竟然还提高了声音，我死死地捂住裤兜，我想捂住它的嘴，可是它的嘴到底在哪里呀？该死的魔镜！不要说话了好不好？

"咦？什么声音？"女老板起了疑心，"不会出什么事了吧？"她走过来敲敲门，"美女，穿好了吗？"丁宁和边琪琪也走过来敲门。

是福不是祸，是祸躲不过，急中生智，我拉开插销勇敢地走出来，手指扯着七分裤的拉链说："什么裤子嘛，拉链怎么也拉不上去！"我把裤子丢给老板，就要往外走。

"雪儿，怎么是你？"

"你不是说表姐要来吗？"

这时候，我才猛然抬头，装作刚刚看到她们的样子："哦——我，我，送走了表姐，我，顺便逛逛！"不知道我的演技如何，只知道说谎的滋味太难受，心跳的频率明显超出了自己能够承受的范围，但是为了美丽，我，我别无选择啦。

"哦——是这样？"丁宁眼神中闪过一丝怀疑，"那，咱们一起逛吧！"

"不了，我妈还等我回家呢！"我不敢看她们的眼睛，逃也似的跑出了店门，有一句话在玻璃门关上那一刹那挤了出来，是边琪琪的声音："她怎么了？古古怪怪的。"

走自己的路，让她们去说吧。

在魔镜的指导下，我终于买到了一身衣服，效果超级棒！绝对压倒边琪琪！雕花魔镜的魔法不容小觑，只是，唉——要是再会七十二变可以把我瞬间转移就更好了，可是它只认美丽不认人哈。

从忧伤到痛苦的距离

在同学们眼里，我越来越美丽，简直成了完美的化身，面容姣好，衣着得体，一举手一投足，都那么优雅美丽，令所有的女生黯然失色，当然也包括边琪琪。

不过，在收获美丽的同时，貌似，貌似有一点淡淡的忧伤，很不听话地在我的心里蔓延开来。我被孤立了，鹤立鸡群的另一面就是孤独，原来和我一起上学放学的丁宁和边琪琪，那天在放学铃声响起后，收拾起书包，挎着胳膊走了，连个招呼都没打，连个借口都没编，那么自然，自然到好像她们从来没有和我结伴回家过。我愣愣地看着她们的背影，灰灰的东西就撞进了心怀！

我把它叫做忧伤，离痛苦还有一段距离，完全可以忽略不计。

我要用最甜美的微笑面对这个世界，必须的。

"好消息，好消息！"雷小雨叫着跑进教室，"美国要来交换生了，学校要选出一位形象代言人，在欢迎大会上致欢迎词。以后学校有什么出头露面的大事，都要形象代言人出面呢，形象代言人，多拉风！美女们有戏了。"

同学们的目光投向我，我心里美滋滋的："我还可以变得更美一些！"

哈哈，感谢我亲爱的魔镜，劳苦功高的魔镜。

报名参加形象代言人海选的有十名女生，校领导综合了成绩、形象、性格等因素，最后锁定了我和边琪琪。我比边琪琪漂亮，但是在最近一次考试中，我成绩的年级排名比她落后十几名。

学校很难取舍，最后，把决定权交给我们班的同学们，理由是，同学们比较了解我们俩，他们的意见应该是最客观的。

老师紧急召开班会宣布了这个决定，同学们激动地鼓起掌来。形象代言人将要在自己班里诞生，本身就够激动人心啦，现在，形象代言人即将在自己的笔下诞生，天哪，那真是无上的光荣哇——

老师把选票发给同学们，除了我和边琪琪。

边琪琪没事人一样，坐在座位上看书。哼，装模作样吧？谁不想当那个风风光光的形象代言人？心里怕是已经急得像热锅上的蚂蚁了吧？

我安抚着自己心里那一堆乱糟糟的蚂蚁，故作镇定地，调整自己脸上的微笑、眼角翘起的弧度、嘴角弯起的角度，包括目光的闪烁，都恰如其分，符合魔镜对最佳状态的测算。我和同学们对着目光，点头示意，心里默念："白痴们，会欣赏美丽的话一定要选我！选我——"

目光和程晨相遇，他冲我笑一笑，意味深长的那样一种笑，我长出了一口气，心里安定了不少，即使全班所有的同学都不选我，程晨也会选我的！谁让我们是青梅竹马呢？

结果很令人沮丧，我以一票之差落选了，学校历史上第一位形象代言人的宝座和我擦肩而过。我再也无法维持自己的形象，让完美笑容、最佳眼神统统见鬼去吧，放学铃声一响，我把书包甩到肩头，气哼哼地走出了教室。

为什么？我不是最美丽的吗？为什么选她不选我？

"梅雪，梅雪——"程晨从后边追了上来，哼，算他够朋友，落难的时候还知道来安慰，我停下来等他。说不定，我只剩下这一个朋友了呢。

"为什么嘛？你说他们为什么不选我？我哪里比不上边琪琪？"一肚子抱怨和不平发泄出来，我拿他做我的情绪垃圾桶。

叽里呱啦倒了一大堆，好脾气的程晨照单全收，还不停地点头。

一路说一路走，不知不觉到了我家楼下，我要上楼了，程晨回身要走了，却又折回身来叫住我："梅雪——"我回头："嗯？还有事儿？"

"你想知道我选的谁吗？"他亮亮的眼睛看着我，看得我心里直发毛。"你，你当然选我啦？不是吗？"声音有些颤抖，没有底气，他为什么这样问？这样问是不是代表着他选了……

我的天！在我惊愕的眼神中，他摇了摇头。

"为什么？给我一个理由！"我歇斯底里地扯着嗓子叫喊，"连你也瞧不起我，连你也……"如果连程晨也不再是朋友，我还有朋友吗？

程晨再次摇摇头："我永远是你的朋友，但是，我不得不承认，边琪琪比你更适合做形象代言人！她为人真诚、性格活泼、知识丰富、英语口语又好，而你，你变了，每天只知道臭美，还骗人……"

"别说了，我自己做什么我自己知道，不用你来教训我！"我扭头冲上楼去。

从忧伤到痛苦的距离，原来并不是那么遥远。

心理学家的报告

心理学家阿伦森曾经做过调查，结果发现受人喜爱的人主要是以下四类：

1. 信仰、利益和自己相同的人；

2. 有技术、有能力、有成就的人；

3. 具有令人愉快或崇拜的品质（忠诚、理解、诚实、善良）的人；

4. 悦纳自己，也就是喜欢自己、接纳自己的人。

铜镜和木镜

回到家，我掏出魔镜，镜子里面映照出一张扭曲的脸，眼圈红红的，嘴唇气得发青，不住地哆嗦着。"亲爱的主人，您的表情很狰狞，请您及时修正！"

"修正个鸟！"我爆出了粗口，"修正了有屁用，再甜美的笑容有个屁用！我，我……"

"亲爱的主人，您的粗口有损您的美女形象，请您去刷牙，建议您用'除口臭'牙膏！"

"建议，建议，我听腻了你的建议，滚一边去吧！"我把魔镜反过来扣在桌子上，呜呜地哭了起来。

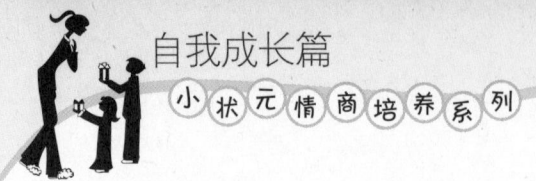

"魔镜里面锁着一道咒语，可以使人越来越美丽，但是伴随而来的还有痛苦，只有破解了这道咒语，才可以同时收获美丽和幸福！"

没有办法再自欺欺人说这仅仅是忧伤，我得到了美丽，可是美丽给我带来的是朋友的疏离、程晨的背叛、一票之差的惨败，还有对自己越来越多的不满意……这些一点点淹没我的心，酸酸的，痛痛的，呛出我更多更多的泪水。

泪水滴落在雕花镜的背面，渗进细密的木质纹理里，就好像淅淅沥沥的春雨渗进久已干涸的土地里去，有些急匆匆、迫不及待的感觉。

咦？是泪水模糊了眼睛？还是出现了幻觉？眼前出现了一片荒草萋萋的山坡，不对呀，现在才十月份，怎么会如此荒凉？我揉揉眼睛，惊奇地发现，荒草山坡是在铜镜里的，就在铜镜背面平滑如镜的木头平面里，奇怪！木头也可以照出镜像来吗？或者是……是什么？

我的眼泪尽数淌到草坡上，渗进荒草掩埋的泥土里，像电视上播放的一帧一帧的动画，一片小小的嫩芽从泥土里钻出来，虽然小，但是亮丽的绿色在枯黄的草丛里非常醒目，瞬间点亮了整个荒草坡。我惊疑地止住了眼泪，看着这茎嫩芽向上伸展，长出小小的叶片，一片、两片、三片……

是我的泪水浇灌出来的绿色吗？

我纳闷地把魔镜翻过来，看到眼角还挂着泪痕、瞪着吃惊的大眼睛的我，"亲爱的魔镜，这是怎么回事？"

"亲爱的主人，恭喜你，你已经破解了魔镜的咒语，看到了自己的心田。"

"我的心田？"我翻过去，再看魔镜的背面——那面木镜，木镜里，那茎嫩芽又长高了，而且还开出了一朵淡粉色的花，小小的，只有绿豆大小，五个花瓣自由舒卷，像一个温馨缥缈的梦，屋子里竟然弥漫了淡淡的花香。这是我的心田吗？我的心田竟然已经荒芜成了这个样子？

不，现在它已经有了一茎小草，开出了一朵小花，我的心里仿佛涌动了一眼细细的清泉，就在心口正中，缓缓却有力地向上喷涌……好小好小的喜悦，我嘴角上扬，露出一丝微笑，缥缈得就像木镜里那朵小小的花儿。

奇特的事情就这么发生了，自从我破解了雕花魔镜的咒语，铜镜就再也没有说过话，它变成了普普通通的一面小镜子，只能够照出我的模样而已，再也没有专业且精确的美容建议了。而木镜里的草坡却一直存在着，有新的绿色、新的生命在缓慢地萌芽着。

我不再修眉毛，也不再涂唇彩，当然更不会走过一间又一间的店面去搜索最佳服饰搭配，我的笑容不再那么甜美，但是却变得真诚；我的眼神不再那么迷人，但是却足够温柔；我不迟到了，我的成绩追上了边琪琪……

我帮她搜集资料，帮她修改演讲稿，欢迎大会那天，她在台上致欢迎词，我坐在台下第一排，使劲儿鼓掌……

每晚临睡前，我都会照一照木镜，对着它说说心里话，有些忧伤、有些痛苦、有些泪水、有些欢笑，都融入了木质纹理，化作了滋养生命的养料，越来越多的小草萌芽、生长、开花……

终有一天，我的心田里会鲜花遍地、芬芳四溢的。

原来，木镜才是真正的魔镜！

原来，耕耘心田才是真正的雕塑美丽！

有趣的心理测试

假使你走向一个熟睡的婴儿时，他忽然睁开眼睛，你认为接着他会有什么反应？

A. 哭

B. 笑

C. 闭上眼睛继续睡觉

D. 咳嗽

"婴儿"代表"他人"，一般人对于与他人的相处，容易产生不安与恐惧，尤其愈没自信的人愈严重。由于这种不安、不信任感容易流露在

脸上，于是对方也产生了同样的反应。

选 A 的你是个相当没有自信的人，很害怕与他人相处，深恐泄露自己的缺点，因此常缩在自己的壳中裹足不前。如果你能再自信一点，积极与他人接触，相信你会发现外面的世界非常美好。

选 B 的你是个自信满满的人，交际手腕相当不错，很容易和他人打成一片；但要注意的是，不要过度自信，只陶醉在自己的世界中，而忽略了别人的感受、想法。

选 C 的你是个相当孤僻的人，认为与其和他人在一起，还不如一个人来得快乐自由，所以根本不愿，也觉得没必要踏入他人的世界；但人都是需要朋友的，你可要好好调整自己。

选 D 的你是一个相当神经质的人，非常在乎人际关系，也小心翼翼地去维护；但太过于在意他人的感觉、想法，会弄得自己精疲力竭，最好放松一下自己，以平常心来面对人际关系。

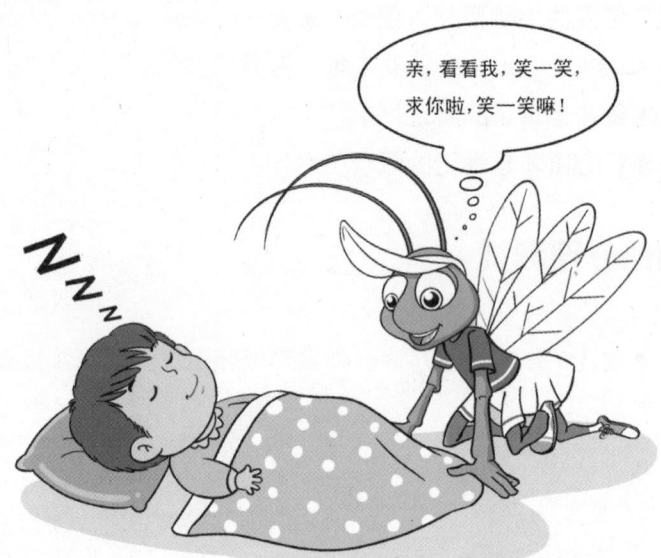

小男孩·落幕

（一）

"哎，你们去哪儿？等等我呀！"管涛提着还没有拉好拉链的书包，跌跌撞撞地追出来喊。曲霞和梅冉嘻嘻哈哈地向前跑着，连头也顾不得回，只是抛过来一句话："我们有事儿，你自己回家吧。"最后一个"吧"字随着黄昏的风，吹到管涛耳朵边的时候，前面那两个丫头已经拐出校门，看不见人影了。

看看再也追不上了，管涛只好放弃努力，把书包放到地上，"哧啦"一声拉上拉链，慢吞吞地背到背上，懒洋洋地恨不得走三步退两步地朝着家的方向走去。

"嗨，管涛，打球去？"王寒跑过他身边，招呼了一声。"不去！"他从来没有打过篮球，也一直不喜欢打篮球，因为妈妈喜欢他干干净净清清爽爽，他猜妈妈一定不喜欢自己浑身臭汗地回家，就像那些爱打篮球的男生一样，一进门就踢掉脚底下那双臭鞋，会把妈妈熏坏的。

王寒拍了他一下，坏兮兮地笑着说："太娘的男生，女孩子不喜欢的。"说完，迈着长腿跑向操场了。

"唉——"管涛莫名其妙地叹了口气，"娘"这个词儿，用到男生身上不那么好听呢，是因为这个，她们才不理自己了吗？这两个疯丫头！

曲霞家住一楼，梅冉家在三楼，管涛家住四楼，三个孩子从一出生就黏在一起了，除了吃饭、睡觉时各回各家、各找各妈；除了上厕所不

能一起去之外，貌似其他地方都可以同去。

可是，今天她们俩扔下管涛先走了，而且，还不说去干什么！管涛有一脚没一脚地踢着地上的小石子，回了家。

（二）

妈妈在做饭，管涛打开书包写了会作业，觉得很闷很闷，仿佛有一团什么乱七八糟的东西堵在胸口那儿，让全身的血液都没有办法顺顺畅畅地流动。

他走到厨房门口探头说："妈，我出去玩一会儿，马上回来！"

"嗯，"妈妈从厨房里走出来，叮嘱正在开门的儿子，"宝贝儿，不要出楼门，就去阿霞或者阿冉家里玩会儿啦！"

老妈唠叨了 N 多遍的话，今天有些刺耳，不过管涛什么也没说，只是闷着头"嗯"了一声。下到三楼，他在梅冉家门口停了一下，没有声音；又来到一楼曲霞家门口，静悄悄的……人家多半还没回来呢！

管涛出了楼门，来到小区花园里，平时因为有梅冉和曲霞做伴，管涛仿佛从来没有落过单。可是，今天，一个人走在花园里，看着太阳留恋地望着自己的半边脸，第一次感到了孤独，这个字眼从书本上，一下子就爬到了他的心里。

叽叽喳喳的笑声刺破了笼罩管涛的孤独，一股欣喜趁机钻了进来，是阿霞和阿冉，两个人兴高采烈地边说边笑。管涛蹭地窜出去："嗨，疯丫头们，回来啦！"两个女孩子吓了一跳，看到是他时，古古怪怪地对了对眼光，又冲他笑了笑，不知道是夕阳照过来，还是其他的什么原因，她们的脸有些红扑扑的。

他们一起向家里走去，关门的那一刹那，阿霞把脑袋探出来，神秘兮兮地说："阿冉，明天放学咱俩还去？"得到阿冉的回复，这才缩回头去，关上了门。

"阿冉，你们今天去哪儿了？"一边往楼上走，管涛好奇地问。阿冉斜了他一眼："秘密！"

"什么秘密？"

梅冉笑笑不说话，关门的时候，忽然对他说："以后请叫我梅冉，OK？"然后关上了门。管涛呆呆地发愣，阿冉和梅冉有区别吗？跟今天的秘密有关系吗？管涛关上自家房门的时候，暗自拿定了个主意。

（三）

看着曲霞和梅冉走出教室，管涛跟了上去，一直走到步行街上。

管涛跟着她们来到了内衣一条街，他和妈妈一起逛街的时候，妈妈带他来过这里，他知道里面挂着的花花绿绿的东西叫作文胸，妈妈就穿好看的带蕾丝边的文胸。

曲霞和梅冉进了一家内衣店，仔仔细细地看，有时候还摘下一个在自己身上比划。她们一家一家地进进出出，有时候只是看一遍就走，有时候比划比划，有几次，她们还进到试衣间里去了呢。

哦——

这就是那个秘密吗？她们甩掉自己就是为了买内衣？管涛没有兴趣跟踪下去了，一个人溜溜达达地回家。莫名的感觉袭上心头，好像是有一双大手，在推自己，轻轻地却很坚定地要把自己推远一点儿，离曲霞和梅冉远一点，不！好像那边还站着妈妈，也要离妈妈远一点吗？管涛有点不愿意，可是那双手的力量很大，管涛只得后退，后退……可是，要退到哪里去呢？身后空荡荡的，心里忽然升起来一阵惶惑。

（四）

周末，妈妈带管涛去逛街，习惯性地，妈妈走近了内衣一条街。

"妈，曲霞和梅冉不和我玩了！"管涛忽然冒出了这么一句话。妈妈停下来脚步，看看个头就要赶超自己的儿子，问："怎么啦？不是玩

得好好的嘛！"

"她们甩下我，自己到这里来买内衣啦！"

儿子的这一句话，好像是吓到了老妈，老妈张口结舌了足足有一分钟，忽然，拉起儿子，逃也似的离开步行街，回家。

（五）

管涛的爸爸最近几年在外地工作，只有节假日才能回家，所以，几乎所有的时间都是母子俩在一起。妈妈有时候也跟老爸发牢骚，可是一想到丰厚的工资，两口子也就认了。管涛是怎么想的，爸爸妈妈不知道，管涛也不清楚爸爸妈妈的想法。

反正爸爸为了那份高工资，为了他们娘俩能过上好日子，就这样在外面漂着，管涛就在妈妈身边过着日子。管涛懒懒地靠在沙发上，伸了个懒腰，打了个哈欠，和妈妈在一起生活得好好的，只有最近才觉得……

"老公，你调动的事儿办得怎么样了？"妈妈的房门虚掩着，但是打电话的声音还是从门缝里挤出来，钻进了他的耳朵，他侧着耳朵听：

"我看，你说什么也得回来！我们可以没有钱，但是阿涛不能没有父亲在身边！"

……

"什么？办好了？真的吗？太好了！"

……

"工资低一点？低百分之三十？不多，没事！钱多多花，钱少少花，咱儿子要向男人进化了，这个阶段离了你，可不行！"

……

管涛挠挠脑袋，电视里正上演的是《亮剑》，他看着那个李云龙，这样的就叫男人吗？

"儿子，告诉你一个好消息！你老爸，马上就要调回来了！"妈妈满面春风地走出房间，大声宣布。"还走吗？"管涛问。

"不走了，哪也不去了，就留在家里陪你！"

"可以陪我看《亮剑》？看《哈利波特》？也可以陪我去打篮球？打电动？"管涛忽然发现自己有那么多的项目希望和老爸一起玩。

"可以，可以！"

"我可以玩得一身臭汗地回来？把臭臭的球鞋扔在客厅？把湿透了的 T 恤扔到沙发上？"管涛眨着小眼睛问。

男孩子没有爸爸陪长不成男子汉哦！

"可以——"老妈刚要答应，忽然脸一板，"不可以，卫生还是要讲的。"

管涛笑了。

看着老妈明媚起来的笑容，管涛的惶惑远去了，他甚至有点感激那双把自己从三个女人身边推开的大手了，因为，他看到，自己的身后站着老爸，向着自己敞开宽阔的怀抱呢！

属于小男孩的剧情落幕了！

小红点心理诊所

病症：父爱缺乏综合征

症状：

1. 娘娘腔，过分怕羞，情绪沮丧，少言寡语，爱干净，不会交朋友。

2. 不求上进，自暴自弃，脾气急躁，喜怒无常，逃学旷课，早恋，偷东西，离家出走，爱打架。

处方：

1. 离母亲远一点，溺爱少一点，保护松一点。

2. 靠父亲近一点，谈心沟通细一点，游戏运动多一点。

3. 和男教师多接触，言谈举止多模仿，做事干活多学习。

治疗依据：

1. 父亲是男孩成长为男子汉的领路者，是男孩的榜样。

2. 母亲的溺爱会导致男孩永远是男孩，责任感缺失的男孩、脆弱的男孩很难长成坚强独立的男子汉。

3. 男教师对待男孩的教育方式，更适合明确他们的男性性别。

疗效：

小男孩成长为坚强、勇敢、独立、负责、有爱心的男子汉。

地球 十七年蝉 月球

地球慢吞吞地斜着膀子自转。

地球上的生物们却脚步匆匆。

一个平常得不能再平常的黄昏。

刚刚从暑假学习班流水线上撤下来的晨露走到楼门口，停了一下。有密信！她相信自己的直觉。

围墙上的一块砖能被抠出来，是个秘洞，晨露和丁宁很小心地，用这个洞传递密信。

制造神秘，兴许是孩子们最像孩子的地方。

奇怪！密信浸在水里，怎么看不到字迹？拿起电话："喂，丁宁，你的密信什么都看不到哇？"

"你的我也看不到哇！我马上就来！"

十分钟后，门铃响了，丁宁一手拿信，一手拿树叶，走进来。

"你也有一片叶子？"

"你也有吗？那答案可能就在这片叶子里！咱们用它的汁儿试试！"

奇迹出现了！

树叶的汁液叫醒了纸上的笔画，它们先后跳了出来，组成了一句话：今晚十一点钟打开卧室窗户等我。

无头无尾，莫名其妙！

"天外来客！"两个人瞪圆了眼睛，神秘扑面而来，点燃了眸子里的欣喜。

"敢不敢等？"丁宁明知故问。

晨露耸耸肩："有福同享，有难同当！"丁宁眨眨眼。

夜，踩着两颗激动而忐忑的心走来了。月亮仿佛披着一层神秘的银纱，向两个女孩子莫名其妙地笑着。窗户已经打开了，她们默默地坐在床上，四周静悄悄的，生命正因其神秘莫测而由平淡变得美妙起来！

嗖——一道白光滑入窗户，落在她们面前。虽然早有准备，心脏还是很不规律地跳了几下，险些窜出嗓子眼儿。一只兔子！谁能相信兔子会跳上四楼，可是它就在面前，灰头土脸的一只兔子。她们选择了相信。然后，长长地吁了一口气，毕竟兔子对人构不成威胁。

很明显，这个神秘来客很有礼貌！

"你们好，我是从月球来的玉兔，很抱歉以这种谈不上玉洁冰清的形象出现在你们面前！我需要你们的帮助，查阅十七年蝉的消息！"

生命的神秘随着玉兔的讲述，在两个女孩面前一点点铺展开来：

玉兔因为思念阔别几千年的故乡，坐萝卜来到地球。可是到了地球，它乘坐的萝卜以及备用萝卜一天内都腐烂了。只有找到和月球生物有着同样基因的生物体，经玉兔唤醒，和月球同类建立信息通道，才能载它回去。

然而，玉兔试过它能接触到的所有生物了，它们都生长得太快了，新陈代谢无法充分完成，体内积存的毒素已经把与生俱来的、和万物通灵的孔道堵塞了，不能进行信息链接。

而晨露和丁宁还葆有难得的童心和好奇心，通灵孔道没有完全堵塞，她们破解了玉兔的密信，没有被堵塞的那点通灵孔道就被玉兔唤醒了。

现在只有一线希望，就是找到一只十七年蝉，它们应该是地球上走得最慢的生物了。今年是月球上十七年蝉羽化成虫的年份，这几天它们将数以亿计地涌现。如果地球上的十七年蝉没有改变它们的生活规律，那么，地球今年也会有。只要有一只十七年蝉，唤醒它的通灵孔道，就能载玉兔回家！

还等什么？电脑打开了，网页跳出来了。

"有了！"晨露叫了起来，"美国纽约呀！正在羽化成虫哎！"

丁宁有些担忧："那么远！"

玉兔笑笑："不怕！现在走，明天早晨就能回来！"

"你会飞？"

"只是跳得飞快而已！"玉兔谦虚地说，"我只是把本能发挥到极致！"

丁宁和晨露对视一下，异口同声："带我们同去，可以吗？"

玉兔点点头，点头时，身体不可思议地变大了，她们爬上玉兔毛茸茸的脊背，软绵绵的。起跳！几乎感觉不到玉兔身体的耸动起落，只能听见时间在它们背后呼啸。

"我跟你离开，千里之外……"晨露刚唱出来，歌声就已经被风吹落在千里之外了。两个人对视的眼神在高速度中迷离飘荡。

她们终于停在了一片森林里，月亮刚刚好，挂在树梢。

她们被眼前的场景惊得说不出话来：一瓣瓣白色透明的羽翅披着月光轻轻颤动。一曲从来没有听过的无比壮阔的交响乐，就汹涌在这瓣瓣白色羽翅间，白色透明的羽翅仿佛荡漾在音乐中，树林也激情澎湃，就连月亮也似随波浮沉。

还有数不清的暗色幼虫在地面蠕动，匆匆地爬上树干，争取十七年一次的羽化和歌唱。而它们的天敌、叫不上名字的鸟儿们，伸了它们尖尖的喙，啄食它们一生中难得的盛宴。

玉兔轻轻地跳上树，带着背上的丁宁和晨露。它深情地呼唤："十七年蝉，可爱的宇宙的精灵，你醒了吗？"

它一声声呼唤，轻柔却真切，在十七年蝉宏大的合奏中，竟然无比清晰。

"十七年蝉，可爱的宇宙的精灵，你醒了吗？"

玉兔一声声呼唤，缥缈在十七年蝉的声浪上，微微地颤。丁宁和晨露觉得自己的心被扯成了细丝，伸向远方。

"十七年蝉，可爱的宇宙的精灵，你醒了吗？"

没有回音。"莫非这些蝉儿也走上了速成的轨道？"晨露心里的担忧越来越清晰。

一声声呼唤，轻柔却执着。总该有执着地走着自己的脚步的蝉儿吧！

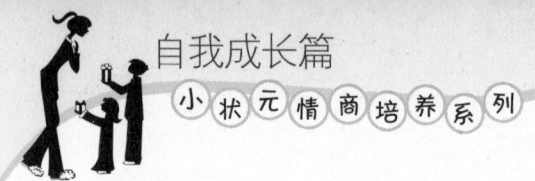
是的，有！它来了！它轻盈地落在玉兔面前，腹膜轻震："我醒了！愿意为您效劳！"

"请你和月球的十七年蝉建立信息通道，载我回去，好吗？"

十七年蝉的腹膜剧烈地颤动起来，声音不大，却纤细悠长，杳如银丝般射向月亮。月亮抖动起来，如同微风吹拂下的水中月影。忽然，一缕银丝陡然射来，两缕银丝对接，俨然一条通向月球的路。

蝉的双翅抖动起来，竟变得雄鹰一般大。玉兔跳上蝉的身体，十七年蝉载着一兔，两人在银光闪闪的通道中飞起，应该是被吸起。一瞬间，丁宁和晨露仿佛被屏蔽了一般，再醒来时，她们已经站在了月球的土地上。

十七年蝉毫无声息地落在一根树枝上。玉兔抓住丁宁和晨露跳到草地上。蝉悄然缩小了，数以万计的十七年蝉飞过来，拥抱了它。它们发出悠长的嘶叫。

脚下的草地清凉凉的，绿色仿佛有了生命，缓缓地爬上了她们的小腿。她们的心也沉浸在绿色中，蓬勃却安闲。玉兔一句话也没有说，伸长了腿，向前跳去，不慌不忙。丁宁和晨露跟在后面，脚步轻轻的，仿佛怕吵醒了小草甜美静谧的梦。

"带我们去参观月亮吗？"丁宁轻声问。

玉兔头也不回："月球是用来生活的，不是用来参观的！"

它停下来，刨出了一根胡萝卜，张嘴之前，抛给她们一个眼神。是邀请！她们也刨出一根胡萝卜，啃了起来。清甜的汁液流入喉咙，调动了舌尖对美味的所有感受。她们对视一眼：从来没有吃过这么像胡萝卜的胡萝卜。那种让孩子们十分讨厌的味道没有了，而让大人们无比推崇的营养渗在清甜的味道里，数倍地放大了。

玉兔慢慢嚼着，丁宁和晨露也慢慢嚼着，仿佛只有这样，胡萝卜从土壤里吸收来的美味，才能彻底地经由舌尖儿，流进身体，融入血液。

"一年收几次胡萝卜？"晨露问。

"一次！"

晨露再也无语，只是摇摇头，丁宁也摇摇头，然后一起回望遥远太空中那颗蔚蓝色的美丽星球。

丁宁自言自语："地球走得太快了！"

晨露喃喃："走得太快了，反而会丢掉自己！"

萝卜两个月就能完成播种、开花、收获；母鸡两个月就能下蛋；蝉的幼虫在冰箱冻几次，一年就能羽化成虫……却仍然跟不上人类消耗的速度。

汽车在改进，火车在提速，飞机在进步……却追不上玉兔蹦跳的脚步。

"我要回去了，你们呢？"不知什么时候，十七年蝉来到身边。

"我们也要回去的，毕竟那里是我们的家！"

玉兔不知从哪里拿来一包东西，是包在树叶里的："送给你们一些月球的植物种子，只是不知道它们在地球上会不会……"

玉兔住了口，丁宁和晨露心里也沉沉的。

她们爬上了蝉坚实的身体，和玉兔道了一声再见，就钻进了银色的信息通道。

十七年蝉一直把她们送到了家，她们轻轻地落在床上，这时候，太阳刚刚从东方升起。蝉展翅欲飞时，晨露挽留它："留下来好吗？我好怕！"

"我怕，刚刚的一切是一场梦！"

"那就当它是一场梦吧！我还有我的使命，我要找另外一只十七年蝉，把十七年的等待传承下去！"它展开了双翅。

"唉！我只有两天的生命了，不知道还能不能做到！"它留下一缕叹息消失在朝霞里。

留下两个面面相觑的女孩子，紧紧捏着手里树叶包裹着的月球的种子。

后记：

种子种下了，尽管丁宁和晨露想方设法减慢它们的生长速度，它们还是很快地发芽、开花、收获了。味道和地球上的同类一模一样。

丁宁和晨露丢掉了关于月球、玉兔和十七年蝉的记忆。只剩下了那种最像胡萝卜的胡萝卜的味道，一直绕在舌尖儿……

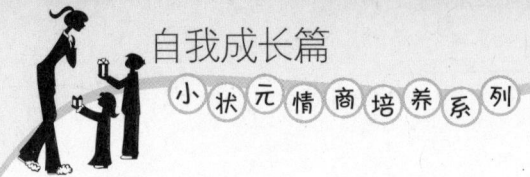

漫画穿越小时候

埃里克森人格发展阶段

婴儿期（0～1.5岁）

儿童期（1.5～3岁）

学龄初期（3～5岁）

学龄期（6～12岁）

青春期（12～18岁）

　　话说，埃里克森把一个人的人格发展分成了八段，小红点儿我只是画出了小朋友们经历过的五个阶段，后面三个阶段分别是成年早期（18～25岁，要恋爱结婚、建立亲密感）、成年期（25～65岁，生儿育女，形成生育感）、成熟期（65岁以上，自我调整，具有了超脱的智慧）。这位"老埃"先生说了，我们人类就是这样一个阶段一个阶段地完成任务，然后才会形成一个比较完善的人格。小红点儿也说了，成长过程是要一步一个脚印慢慢走的，不能急、不能急的，有一个阶段的任务完不成，后果好像、好像不那么好玩的！

酒窝里飞出紫蝴蝶

我是一个不会笑的女孩儿。

大家都知道。

我喜欢蝴蝶，喜欢倘徉在春天、夏天开满五颜六色星星点点野花的美丽原野。那里有各种颜色的蝴蝶翩翩飞舞。

这些，谁也不知道。

他们只知道我爱一个人傻傻地、呆呆地在田野里游荡。

我是一个不会笑的女孩儿，但是，在我眼中，蝴蝶的舞步就是最美最美的笑容、大自然的笑容。我陶醉在大自然的笑容里，只是，我自己却不能笑。

如果，我笑了——

回想起记忆中的最后一次笑容，嘴角泛起的词语永远是美丽。因为我的嘴角不会上扬、浮起笑容，所以，我的嘴角泛起的只有词语。"美丽"这个字眼无数次被我噙在嘴角，呼之欲出，却一直被紧紧抿住的嘴唇牢牢封印，如同我那绝世美丽的笑容一般。

我没有见过嘴角的笑容，那一个时刻的绽放，我面前没有镜子，没有光可照人的大理石地面，甚至连一盆清水，都没有。为此，我无数次的遗憾过：这般绝世笑颜总该在一泓清泉里荡漾一下风采吧！

那是一种怎样的令人心醉的美呀！

只是一次太寻常的藏猫猫。我猫在一株粗壮的牡丹花下，大朵大朵玫红色的牡丹花掩藏了我小小的身子。几个小朋友分散开来寻找我。小言真笨，差一点都要踩到我的鞋带了，还像没头的苍蝇一样瞎撞。

"嘻嘻——"他傻傻的表情终于激活了我发育不够完善、还不能控制自如的笑细胞。"哈哈哈……"

我忍不住的笑声暴露了自己，同时也给小言的脸蛋抹上了红布一样的颜色。他又羞又恼地呆在那儿。事实上，我也呆住了。

一种异样的感觉游走了我的四肢百骸，灵动的鱼儿一般，凉凉地、甜甜地滑到了我的腮边。

似春水解冻，我的右腮缓缓绽开，像清晨鲜嫩的牵牛花花蕾一样，深深地绽放。一些什么？在柔柔地又是那么迫切地向外蠕动，一只触角，又一只触角，闯进我的视野的边界。一个小小的头伸出来，接着挤出来一对蜷缩着的羽翅，迎着春风，"哗啦"一声，幸福地展开。细细的腿如同起跳一般，坚定地蹬了一下我的肌肤。它，飞起来了。

它，是一只紫色的蝴蝶！

深深浅浅的紫，腹部颜色最淡，亮亮地闪耀着迷离却耀眼的光芒，紫色如同泼墨一般，从腹部向翅尖儿浸染，越来越深地沉淀开去。那分明是两瓣纵情大笑的唇，展露淡淡的却无比亮丽的快乐！

它在飞舞，紫色的小精灵！

它微含双翅，原来蝴蝶是可以用翅膀来微笑的。

叮叮咚咚的音符从天而降，深紫的1，绛紫的2……粉紫的5，浅紫的6，白紫的7……

时而激越，时而柔美……

我当然呆住了。笑容想必还在，因为快乐汹涌澎湃。

右腮的花蕾不知疲倦地绽放，吐露芬芳。

又一只小小的触角挤出来，颤颤的，在美妙的空气里。

"怪物！"被吓坏了的、又羞又恼的小言失声地大叫。

如咒语一般。

漫天的乌云铺天盖地涌来，音符跌落在地，和残枝败叶混在一起，无影无踪。紫蝴蝶收敛了翅膀，滑向远方，只留下一道极淡极浅的痕。这痕，至今仍刻在我的视网膜上。

我的嘴巴"咔吧"一声合拢，双手及时捂上去。那只刚刚挤出来的细细的触角受了惊吓似的，匆匆忙缩身回去。留了点点失望在我的虎口上，从那以后，虎口常常流泪。

花瓣毅然决然地集合、关闭。无数只渴望春天的紫蝴蝶在黑暗中东冲西撞。

呻吟声一声一声冲击耳鼓，却掩不住那一句"怪物"的轰鸣。

"我是怪物吗？"

刚才的紫蝴蝶是丑陋的吗？我不能也不敢再相信自己的眼睛、自己的感觉。

小伙伴们早已作鸟兽散了。包括大叫"怪物"的小言。

换一个人叫我"怪物"好不好？只要不是小言。清清秀秀的小言，手拉手一起上幼儿园的小言，挤坐一把椅子、分吃一块饼干的小言……

真的！身边的小伙伴都没有这么一个小酒窝，更没有谁的小脸蛋上会飞出紫色蝴蝶。

我对着镜子咧咧嘴，做出笑的样子。那个小酒窝就出现了。还好，还好！我用手控制着嘴角肌肉的动作，酒窝很浅很浅，没有紫色蝴蝶再飞出来。

不能！不能！不能再让它绽开，不能再让紫色蝴蝶飞出来，不能让别人知道自己是怪物。

我想了好多好多的办法堵死这个小酒窝：妈妈的粉底霜，我偷偷地抹过，油油的，腻腻的，一洗脸就没有了；浅黄色的橡皮泥也用过，填到窝窝里了，抹平了一松手，又掉下来啦；奶奶蒸馒头、烙饼的面团，我也曾偷偷地扭下一小块，糊在酒窝上，煞白煞白的一块，贴在凝脂般白皙、美玉般温润的脸上（这是妈妈的话），在镜子里很是碍眼。怎么看都像小丑耶！何况，面团儿一会儿就干了，干干脆脆地掉下来，一点留恋都没有。

在我试验了 N 次、调配了 N+1 次配方之后，终于用鸡蛋清、芦荟汁、蜂蜜等等，按一定的比例配成了面具药水（配方和比例绝对保密）。

在脸上均匀涂抹晾干后，一层薄薄的、透明的、紧致的面具就戴到脸上了。紧巴巴，死板板，嘴巴只能微微开合，细声细气地说话是可以的，咧嘴大笑是不可能的啦。

我成功地锁住了脸部肌肉，彻底关闭了紫色蝴蝶羽化的大门。

是的，我是个不会笑的女孩了。

我细声细气地和妈妈说话，妈妈夸我是个小淑女，这正是他们用来塑造我的模板。

我平平静静地和小言说话。他和我做同学，一直做到了现在。现在，他被萧言，实际上，自从我不会笑之后，就叫他萧言了。我一直能看到他的眼睛里经常像蒙着些什么，在看我的时候。但我猜不到，那是什么。

教室里飞来了一只蝴蝶，蓝色的蝴蝶。

腹部颜色最浅，是白色中微微洇着一些隐隐约约的蓝色，蓝色一层一层洇到翅尖儿。过渡自然，仿佛那几近透明的翅膀是上好的宣纸，任蓝色的颜料从水边开始，渐行渐远！渐远渐浓！

没有谁注意到它是何时飞进来的。萧言发现它的时候，它已经静静地停在我的发辫上。在那里我梳了一朵极朴素的蓝色牵牛花，从花蕾深处向外，同样延展着由浅到深的蓝色。我原本是想找一朵紫色牵牛花的，但是没有。这朵蓝色的，无限接近我心中那一抹紫色。

于是，它独一无二地开放在我的发间，成了我身上唯一的装饰。

现在，蓝蝴蝶就停在那里，像一个梦，又像是一声叹息。

我并没有看到它，我的眼睛所及的角度很有限，毕竟它停在我的发间。但是，当萧言经过我身边，用手捂住已经窜出来的尖叫的时候，我正体验这样的感觉：一声叹息停在我的发间。

蓝蝴蝶丝毫没有受到惊扰，仍然静静地敛翅俏立。我默默坐着，调动全身的神经细胞去感受它的存在。

"不会是假的吧？"受了惊扰的同学们围拢过来，"是不是你换了一只发卡？"

有人伸手去摸，来不及阻止时，蝴蝶飞了起来。深深浅浅的蓝色随着羽翅的轻盈舞动，竟然氤氲在空气中。空气里也弥漫了由浅及深的蓝色，海洋一般地轻轻荡漾。每个人在海潮中如醉如痴。

蓝蝴蝶停在门楣上了。触角轻轻地颤。傍晚的阳光笼罩了它，它通体透明，发生了奇异的色彩变化。

"紫蝴蝶！"萧言在我的耳边低语，却如霹雳般炸响。

紫蝴蝶在对我招手！

紫蝴蝶在对我微笑！

紫蝴蝶在对我低语！

……

我走过去，轻轻地，身体仿佛没有了分量。我飘了过去，萧言跟在身后，我听到他脚步沉重，气喘吁吁。

紫蝴蝶披着夕阳飞出去，遥遥地召唤我。我轻飘飘地，追随它。我听到身后萧言，脚步沉重，气喘吁吁。

一片田野，开满紫色牵牛花的田野。蝴蝶翩跹进花丛。

我迟疑着，不敢进去。一地娇嫩的花瓣，怎能经受人迹的唐突？

花朵散开来，似是为我让出一条路，我小心地踏进、踏进……牵牛花围了上来，绿色的柔韧的藤蔓脉脉地搂了我的脖颈，花朵张着小嘴巴吻过来。难以言表的温柔瓦解了我的面具！

我听见透明的它，默默地碎成了它们，飘散空中，瞬间消散。

忽然，满眼紫色的笑容灿然绽放，银铃般的笑声洒满天空。冰冻多年的河流一朝回暖，融为潺潺春水。我咧开解除了封锁的嘴角，上扬，上扬……

右腮的酒窝隐隐出现，如花蕾般，将隐藏一冬的春的消息尽情吐露。毛茸茸的小触角钻出来，熟悉的感觉，一如昨天。翅膀也急不可耐地要挤出来，畅快地舒展开小腿，点一下柔嫩的肌肤，弹跳出来。

一只紫色蝴蝶钻出来，飞去和那一只缠绵在一起，如同久违的姐妹。

一只，两只，三只，更多的紫蝴蝶从酒窝里涌出，一串串欣喜的笑声携着泪水喷薄而出，跳跃成一个个紫色的音符。深紫的 1，绛紫的 2……粉紫的 5，浅紫的 6，白紫的 7……

时而激越，时而柔美……

我只有沉醉，全身所有的神经细胞，都竖起了耳朵，其他的，却丧失了动作的能力。在它们纷飞的季节，我怕，我怕一个细小的动作，都可能将它们重新牢牢封印。

无数只蝴蝶，在花间飞舞。它们，用触角甜蜜地打着招呼。

渐渐地，它们排列了规则的队形，用身体向我昭示了久远的神秘：

你是蝴蝶谷最弱小的仙子，但是，你又有无与伦比的倔强。你一直想要过人类的生活。耐不住你的纠缠，最古老的牡丹花根施展了魔法，把你变成了人间女孩儿。

也许事情原本可以这么简单，你可以在人间过着普通女孩儿的日子。但是，最年轻的牡丹王子，和你一起长大的牡丹王子，偷偷追随了你。他这一去，反而注定了你的磨难、你的责任！

你必须为蝴蝶谷培育出足够多的后代，才可以做成真正的女孩儿。

牡丹王子的追随既给了你磨难，同时又给了你责任。

"怪物"和"紫蝴蝶"就是他必须要说的咒语。

不知何时，回身看，萧言已和我并排而立。他眼里蒙了一层淡淡的东西，原来就叫忧郁，也许还有些许内疚，或者还有关切。

"对不起！"

"'怪物'是封印自我的一句咒语，只有这样，蝴蝶仙子才会发育得美丽异常、矫健异常！"萧言说。

我的目光离开他清秀温暖的脸庞，投向蝴蝶们，那一只紫蝴蝶，因了夕阳的撤离，又恢复了蓝色。在一群美丽的紫蝴蝶中间，淡然而独立。这就是没有充分发育的那只紫蝴蝶，在数年的沧桑中，褪成了独特的蓝色。而它的那些姐妹们，被我封印多年的姐妹们，因了充分的发育，会抵挡风雨的侵蚀，保持神秘高贵的紫色。

然而，它不悔！我，也不悔！

"'紫蝴蝶'是蜕变的口号，是催生的号角，号角一出，就是破茧成蝶的时候了。"萧言的脸上慢慢浮起红晕，眼里那抹淡淡的什么，渐渐隐去。

我忽然想起了什么，问："那么，现在的我，完成了任务，是不是就可以做永远的真正的女孩儿了？"

"当然，只要你愿意！"

"耶！哇！My God！……"我像我向往已久的那个样子，疯狂地叫着，肆无忌惮地笑着。

"那，你呢？"

他摇摇头："我必须做牡丹王子！"我的眼神黯淡下来，不要——没有了萧言的日子，岂不是会很无趣！

"但是，我可以选择白天做萧言，晚上做牡丹！"

"真的吗？真的吗？真的吗？"萧言可以陪我，比我可以做永远的真正的女孩儿更让我兴奋。

蝴蝶仙子们重新组织了队形，那是它们在向我们做最后的确认：你们确定吗？你们确定吗？你们两个都确定吗？

"是的，我确定！"

"是的，我确定！"

"我们确定，我们确定——"声音回荡在开满紫色牵牛花的原野，每一朵笑靥都欣欣向荣。

蝴蝶仙子们挥手告别，它们缠缠绵绵，蹁跹远去。

萧言看着我若隐若现的酒窝，喃喃地说："你的笑容真美！"

心理学家画廊

奥地利心理学家阿德勒

小红点儿：

欢迎大家来到心理学家画廊，今天向大家隆重推出的这位心理学家叫阿德勒，是个人心理学的创始人，现代自我心理学之父。什么？什么？听不太懂？说实话，我也不太懂哈，小朋友们只要知道他开创了一个心理学派就 OK 啦。

跟前面那位马斯洛先生相同的是，阿德勒也出生在一个犹太人家庭，不过，不一样的是，阿德勒的父亲是位做粮食生意的商人，家庭富裕，而且父亲很关心阿德勒。可是，可是，阿德勒说起童年，仍然会觉得自己自卑而不幸。

为什么呢？

他长得又矮又丑，而且还得了软骨病，四岁才会走路，倒霉孩子吧？还有呢，后来他又得了病，不能参加体育活动，够了？够了？不够，他还被汽车轧伤过两次呢，更厉害的是 5 岁的时候，得了严重的肺炎，差点就死了。学习成绩怎么样？不怎么样，很差很差，以至于老师很失望地跟他父母建议：还是趁早让他学学鞋匠的手艺吧。

是不是个倒霉孩子？

所以，"自卑"这个难受的感觉和对死亡的恐惧一直围绕在他身边。于是，他立志做个医生，在不断地超越自卑的过程中，他成功了，先是做了一名眼科医生，后来，成为被人尊敬的心理学家。

感谢你一直激励我前进!

我们每个人都有不同程度的自卑。人类的全部文化都是以自卑感为基础的。追求卓越从自卑开始。

心理实验室

小红点儿:在进入实验室之前,请大家回答我一个问题:是先有笑容还是先有幸福?

甲:先有幸福,不幸福谁会笑?

乙:也可能先有笑容吧?笑一笑十年少,爱笑的人才幸福。

丙:小红点,我倒要问问你,先有鸡还是先有蛋?

小红点:要想弄清楚这个问题,请大家跟随德国的社会心理学家弗里茨·斯特劳克进入实验室。

被试者:小红点儿和读者朋友们。

实验步骤:

1. 把被试者分成两组:A组和B组。

2. A组用牙齿叼着笔看漫画书,B组用嘴唇叼着笔看漫画书。

3. 看完漫画书后,问他们的感想,A组对漫画书的评价比B组更积极、更有趣。

小红点提问:大家猜一猜,同一本漫画书,为什么A组认为更有趣?

答案:

聪明的心理学家,让A组用牙齿叼笔,就是让他们在不知情的情况下做出了笑的表情，我们的大脑也很聪明，会根据脸上的表情调整情绪感觉，嚯！这家伙笑了，那赶紧传递幸福电波到身体各处吧！

实验依据：

面部回馈理论：不同的面部表情或身体的不同反应，会传递到大脑控制情绪的部位，大脑会调整情绪变化来匹配面部表情和身体反应。

如果经常保持微笑的表情，就能自然而然地感觉到幸福。

小红点大声疾呼：想幸福，多微笑；笑一笑，幸福到！

梦中的食指

（一）

"雪凡，"孟羽神秘兮兮地凑过来，"紫凝买了一本《金卷考王》，她往书包里塞的时候，我看见了，想借，可她说自己还要看，不肯借。你们俩最要好，你去试试？"

"是吗？"我抬眼看看正在低头做题的紫凝，笑笑说，"我借，肯定没问题。"

孟羽怂恿我："也说不定呢？不信，你去试试？"

"试就试，"我向紫凝走过去，嘴里说着，"我们俩不分彼此！"

"紫凝，"我趴到紫凝的肩头，甜腻腻地说，"听说你买了《金卷考王》啦，借我看一天。"紫凝猛然抬起头，像不认识我似的看着我，眼神里朦朦胧胧，不知道弥漫着一些什么。她犹豫了一下，支支吾吾地说："我，我——今天没带，以后吧。"说完，低下头，继续做题。

我碰了一个软钉子，悻悻地从紫凝肩上离开，回头却看见孟羽满含着嘲笑的眼睛。我什么都没说，把她推到一边，径直走出了教室。

放学的时候，我没有等紫凝，任凭她在后面大声叫着我的名字："雪凡，雪凡——"

我不理她，径直往前走。

"我是说谎了，"紫凝带了哭腔，喊道，"可是，难道你没有说过谎吗？"

"没有，没有，我没有——"我扯着嗓子叫。

我最恨撒谎的人，与其生活在欺骗中，我宁肯不要这个朋友！

（二）

我做了一个梦。

不知道是在哪里，只知道我孤身一人，到处躲藏一只手，确切地说，是在躲藏一根食指。其他四指蜷缩着，只有食指硬挺挺地伸着，死死地指着我。不管我躲藏到哪里，都摆脱不了那根食指的指责，对！被指责的感觉弄得我惶惶然不可终日，四处奔逃。

总是在那根食指戳向自己脑门，似挨到非挨到的时候，醒过来，冰冷的感觉仍然凝结到脑门，脑海中回荡着一个声音：你不是好女孩。

对我说了谎的紫凝也不是好女孩吧？她的梦里也有这样一根食指吗？

再也睡不着了，往事在我眼前清晰地浮现，那是几个月前一次语文课……

老师报着生字，锐利的眼神像探照灯一样，扫射着同学们。我死死地扎着脑袋，刚才老师让复习的时候，我光顾看后边的课文啦，没记住几个字，现在……

"不会写的字，就画圈！"每次听写，老师都忘不了提示这一句话，谁愿意画圈呢？我多么愿意顺顺利利地把老师报出来的每个字都写出来呢。可是，听写了 15 个字，我只写出了 5 个，无奈地画了 10 个圈圈。我刻意把圈圈画得很小很小，画完之后，却发现它们像极了一颗颗晶莹的泪珠儿。

"各组组长收起来吧。"教室里热闹了起来，同学们显摆似的抖着手里的听写纸，东张西望等着组长来收。

只有我，低着头，右手小心地把听写纸揉皱，斜着眼睛，一边注意着老师，一边不动声色地把它一点点攥进掌心，塞进了裤兜里，与此同时，我的心仿佛也被揉皱了。

为了掩人耳目，我把一张白纸，对折了一下，交给了组长。

心里默默祈祷：让我蒙混过关吧，我保证，只要让我混过这次，以

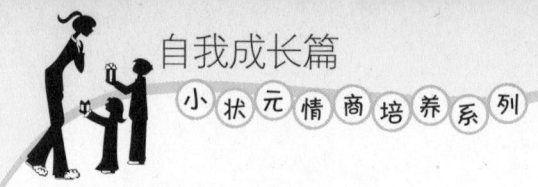
后再不敢上课走神了。

下课了，我抢先跑了出去，因为我看见老师已经开始批改听写了，我要隐身。

可是，上课铃仍然残酷地响了，隐身失败，我不得不再次上线，重新出现在老师面前。老师开始分发听写纸。

"林雪凡——"一股热血轰地涌上头顶，耳朵里狂风大作，我站起来，就像被调皮男孩子捏在手掌心垂死挣扎的麻雀一样，我不要死，我不要让老师知道，我不能毁了自己的形象。

老师走过来，巨大的阴影压了下来："你的听写呢？"

"我交了呀，"真的是我的声音，言之凿凿地撒着谎，带着倔强，"您没发给我。"我没有别的办法，我只能这样，死不承认！

"真的交了吗？"老师有点拿不准了，她快步走回讲台，在那里，只找出了一张白纸，就是我滥竽充数的那一张，"没有你的呀！你到底交了没有？"老师的表情严肃起来。

我心里很怕很怕，但是声音仍然坚定："交了，真交了。"

"刘蒙，"老师在找证人，"收听写纸的时候，有林雪凡的吗？"刘蒙挠挠脑袋，犹犹豫豫地说："记不清了，不记得谁没交呀，应该是都交了吧？"我好庆幸自己叠了一张白纸交上去了。

老师的目光再次聚焦在我身上："雪凡，你抬起头来，看着老师的眼睛，说实话，交了吗？"我被迫抬起头来，老师的眼神直直地看入我的心底，一阵冰凉。我不知道我的表情是不是足够无辜，我只能做到煮熟的鸭子嘴硬，嘴硬到底："我真的交了。"

老师的目光在我的脸上停留了半分钟之久，"哦——我相信你！"

过去了？真的过去了？这就算混过去了？我慢慢地坐下去，浑身脱了力似的软绵绵的，"我相信你！"这句话钻进揉皱了的心的缝隙里，心，隐隐作痛。

我也有说过谎，可是我却无法承认；我怕，我怕自己不是好女孩！

（三）

可是，我真的好想做一个好女孩儿的。

今天该我值日，扫完地，同学们把笤帚簸箕随手一扔，背起书包就走了，空荡荡的教室只剩下我一个人。我把清扫工具摆放整齐，窗户关好，又查看了一下多媒体电源，确定已经切断后，才往外走。"雪凡！"听到叫声，我看到老师站在门口，不知道老师什么时候来的，"我都看见了，你真是一个细心负责的好女孩！"

我愕然地看着老师，我是好女孩吗？您真的相信我是好女孩吗？即使我有说过谎？

老师亲昵地拍拍我的肩头说："赶紧回家吧，路上要小心哟！"我说不出话，只好使劲儿地点点头，向校门口跑去。

"雪凡！"又有一个声音在叫我。

是紫凝，站在校门口的老槐树下。哼！我别过头去，才不理她呢！她跑过来，拉住我的手："你听我解释，好不好？"

我使劲儿一甩："不好，我再不要和你做朋友！"脚步不停地往前走。她再一次扯住我："我不是故意的，雪凡，我不想对你说谎的，可是我没有办法呀。我老妈说不许我把这本参考书借给别人看，中午回家要检查的，她说马上要考试了，竞争这么厉害，得多长几个心眼儿。我不想听她的，可是你知道我妈那脾气，我又怕你生气，只好对你撒了谎。我不是坏孩子，我可以帮你抄题讲题的，我们一起考好成绩。相信我，我们永远做好朋友，好吗？"

原来是这么回事！

我早该听她解释的！

她急切地望着我，眼睛里闪着泪光，我再也忍不住了，一把抱住她："对不起，你不是坏孩子，我也不是，我们永远做好朋友！"

这天晚上，我给老师写了一封信，随信附上了被我揉皱了的那张听写纸，它一直被我藏在一个纸盒子里。

信，寄出去了！

曾经揉皱了的心，终于舒展开来了。

梦中的食指，也可以消失了吧？

心理健康的标准

小红点钻呀钻，费了老大劲儿，钻到人民教育出版社出版的一本《学生心理辅导》教材中，找到了学生心理健康标准。实话说，好多心理学家都提过心理健康的标准，我小红点找到最后，找到了一个适合中国孩子的标准：

1. 具有良好的认识自我、悦纳自我的心态和意识；

2. 能调节、控制自己的情绪，使之保持愉悦和平静；

3. 能承受挫折，具有较强的耐挫能力；

4. 能较正确地认识周围环境、适应环境并能改造环境；

5. 人际关系协调，具有合群、同情、爱心、助人的品质；

6. 具有健康的生活方式与生活习惯；

7. 思维发展正常，并能激发创造力；

8. 有积极的人生态度、道德观、价值观和良好的行为规范。

这心理健康8标准，小朋友们对照一下自己，你的心理够健康吗？健康？那恭喜恭喜！不够健康？那自己可以试着调节啦，每个人都有完善自己、让自己变得更好的能力啦。

小红点心理诊所

症状：说谎

后果：一句谎话要用十句百句谎话来圆

药方：勇气十分（含量：每天反省自己的勇气、敢于承认错误的勇气）

疗效：认识自己，悦纳自己的优点和缺点，生活得更自信更快乐

自我管理

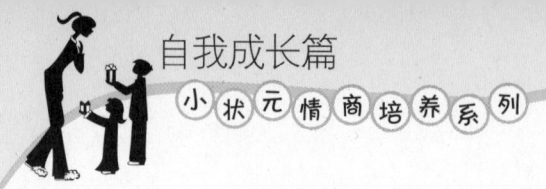

时间走得飞快

老兔子约翰放下电话，无奈地叹了口气。

"老婆，老婆，牛牛又迟到了，这不，白羽老师打来电话，他还没到校呢！"

"哎呀！"兔子太太玛丽从厨房里跳了出来，两只前爪使劲一拍，手上的一团沙拉酱，就掉在脚面上了。她赶紧把美味舔到嘴里，含混地说："呜呜，天不亮，我就起来了，太阳照到杨树尖儿的时候，我就叫他起了床。太阳照到房顶上，我就把他轰出了门，上学去了。我就怕他赶不上时间，怎么还会迟到呢？"

牛牛是迟到大王，白羽老师常说他，脑子里就没有时间概念。约翰要下地了，玛丽只好放下手里的活儿去找。出门不远，就看见牛牛了，正在路边趴着呢！

"牛牛，你又忘了时间了，迟到了！"

"哎呀！又忘了！"一拍屁股跳起来，一溜烟地跑去了。

"他在干什么？"玛丽走近一看，原来一队蚂蚁在搬运粮食呢！

"这孩子，可怎么办呢？一丁点时间观念都没有。"妈妈苦恼地摇着耳朵回家了。

太阳落山了，"该回家了。"妈妈都在门口望了好几次了，就是看不见牛牛的影子。天灰蒙蒙的了，约翰从地里回来，"老婆，饭熟了吗？饿死了！"

"去找牛牛吧！还没回来呢！"玛丽从厨房里探出头来。

整个村子都响起了约翰的叫声："牛牛，回家了！"

约翰一边走一边喊，忽然听到嬉笑声，爬上山坡一看，牛牛正和几只小鸟玩游戏呢！

"回家！"约翰一声吼，一个箭步冲过去，揪住牛牛的一只耳朵，啪啪就是几巴掌。"哎呦呦！"牛牛不停地叫，小鸟扑棱棱地飞走了，还留下一串串的笑声。

"你个小兔崽子，时间早跑你前边去了！天黑了，还不知道回家！"

打也打了，骂也骂了，道理也讲了，还能让爸爸妈妈怎么办？

这天是星期天，天气真好，天空蓝幽幽的。

"妈妈，我想去河边玩！"

"今天上游水库要放水，小心把你冲走了，不许去！"

"妈妈，现在河水还很浅，好玩的可多了！等放了水，就不能去玩了，让我去吧！雪儿，云儿，闪电，他们都去呢！放水之前，我就回来了！"

"好吧，好吧！你可得记住时间呀！妈妈告诉你，等太阳升到头顶，也就是河边的那棵老柿子树的影儿最短，短到河岸边上的时候，就是放水的时间了，你可千万要记住呀！时间可是走得飞快的，忘了就会被水冲走。"

"知道了，知道了。"牛牛拍拍胸脯，做了保证。

"记住时间，记住太阳，记住老柿子树的影儿！"

牛牛有些不耐烦了，只一步就窜出了家门。

妈妈追了出来，只看见了牛牛的背影。

"吱呀"一声，是闪电出来了，"孩子，你也要去河边玩吗？"

"是呀！牛牛呢？我们一起去吧！"

"他刚走，阿姨拜托你照顾着牛牛，提醒他一下时间，好吗？"

"阿姨放心，我注意老柿子树的影儿，记着提醒牛牛，阿姨再见！"

闪电也跑远了。

牛牛妈妈回了家，心里还是有点不踏实。要知道，这回忘了时间就会丢了性命呀！

小河里真美！水底有各样的、细碎的卵石，飘摇的水草，浅浅的流水泛着波纹在微风中轻轻地晃。

小兔子们从这块卵石跳到那块卵石，空气中笑声阵阵，脚底下水花四溅。"哗啦"，牛牛蹬翻了一块大点的石头，惊动了正在睡觉的小螃蟹，螃蟹舞着钳子爬出来，瞪着小圆眼睛气鼓鼓地望着他。不过，只一会儿功夫，他们就玩在一起了。

开始，牛牛还不时地瞅瞅太阳，瞟瞟老柿子树的影儿，咳，那影儿一直是长长的呢，看不出有啥变化，离放水还早着呢！

"牛牛该走了，到时间了。"闪电喊道，雪儿他们都已经上岸了。

牛牛正忙着用卵石堆城堡呢！小螃蟹也前前后后地帮忙，"牛牛，上岸吧！他们叫你呢！"螃蟹也催他。

"着什么急嘛！老柿子树的影儿还很长呢！"牛牛头也顾不上抬一下。

"牛牛，老柿子树的影儿已经最短了。快上来，要放水了。"大家都着急了。

"等我一会儿。"牛牛看中了一块卵石，蹦蹦跳跳地跑过去拿。

"不能再等了，到时间了！"

"再等一小会儿。"牛牛还是慢吞吞地说。

"水来了！"大家喊了起来，夹杂在轰隆隆的水声里。

"啊！"牛牛抬头先看老柿子树，影儿已经短到河岸了，太阳正在头顶呢！"到时间了！"抬腿要走，时间来不及了。水已经涌过来了。

"哗哗……"牛牛顿时没了方向，没了力气，被水流带着叽里咕噜地往下游滚。他抓住一块卵石，石头也跟着他走了，扔了石头，抓了一把水草，咔嚓，咔嚓，水草折了，丝毫没能减缓滑速。

"抓住树，前边有棵树！"闪电喊。

牛牛伸长手臂，四处划拉，终于什么东西挡了他一下，"抓住，那是树枝。"雪儿眼尖，提醒牛牛。

牛牛抓住那根树枝，终于停了下来，手刨脚蹬地露出了头，长长地呼了一口气，吐了吐嘴里的河水。

"牛牛，你在哪？"妈妈赶来了，她不放心，找来了。大家齐心协力把牛牛救上了岸。

"妈妈！"牛牛扑进妈妈怀里，哭了。

过了好久，他抬起了头，抹了一把眼泪，看了看老柿子树的影儿，"妈妈，我知道了，时间走得飞快，我得比它跑得还快！"

心理游戏

小红点：小朋友们准备了，我们要玩一个有趣却有点残酷的游戏。

请大家去找一张长长的纸条，跟我手里拿的差不多长哦！

这张纸条就是我们每个人长长的一生，假设小朋友们可以活到八十岁（羡慕嫉妒恨哈，我小红点活不了那么多年，不过，我的人生同样精彩），这一张纸条就代表80岁，到60岁退休，OK，请大家撕去后面的四分之一。现在纸条只剩下了60岁，假设你们15岁了吧？假设哈，那就撕去最前面的四分之一好了。现在只剩下45岁啦，如果我们一直上

学读书到25岁,现在把25岁到60岁的35年那一段纸条再撕去。

天哪!80岁长的纸条被我们撕得只剩下15岁到25岁,这十年了。

看着曾经长长的纸条,变成了短短的小纸片,有什么感想呢?

树影挺长的嘛,时间,还早着呢!

晒客一族晒心情

小红点:不管你们怎么样?反正我是伤感了。

兰精灵:我要抓住青春的尾巴,跟上时间匆匆的脚步。

兔子牛牛:我终于看见时间了,我要好好想想,好好想想:这么少的时间,该干点什么?

读者甲:盯着纸条茫然中——

时光之轮

　　小狐狸愁眉苦脸地在苹果园走来走去，苹果再过几天就成熟了。看着丰收景象，却高兴不起来。唉！好朋友小猴子后天就要搬到大山里去了。

　　"晚几天再走行吗？等苹果熟了，带一些走。"

　　小猴子摇摇头："奶奶来信催了，后天一定要走。"

　　想起这些，小狐狸叹口气，时间来不及了，要是能留住时间就好了。

　　一片树叶打着旋儿，从小狐狸眼前飘落，他伸手去抓，咦？抓到手里的却是一个小巧的车轮。谁丢了玩具车轱辘啦？

　　不对！车轮自己在转，不紧不慢地转。莫非这是传说中的时光之轮？小狐狸跳起来，向小猴子家跑去。

　　"我觉得我能控制时间啦！"他把手中的时光之轮，伸到小猴子面前，"你可以晚几天再走了！"

　　说完，小狐狸攥紧时光之轮，轮子停止了转动："你，去看看树影还动不动！"

　　没有回答。小狐狸扭头一看，小猴子呆呆地坐在地上。

　　小狐狸跑到苹果园里，太阳像傻了一样，挂在树梢上，小狐狸的脖子都仰酸了，树影既没有缩短，也没有伸长。时间果然停止了。他眼巴巴地看着树上的苹果，心里说：快长吧！我把时间留住了，你长熟了，跟着小猴子去山里。可是苹果跟没听懂似的，耷拉着脑袋。一丝风都没有，天边的几朵白云就像死死地贴在蓝天上一样，周围一丁点声音都没有，喜鹊哪去了？蚂蚱哪去了？只能听见自己粗粗的喘气声和咚咚咚的心跳。好像这个世界的一切都睡了，小狐狸害怕了，撒腿朝家里跑去！

"妈！"他大声喊，没人！妈妈去哪了？他嘀咕着走进厨房，眼前的景象又把他吓了一跳，妈妈坐在地上，手里还拿着削了一半的苹果。

"啪嗒！"手里的时光之轮落在地上，小狐狸顾不得捡，扑过去抱住妈妈："妈妈，你怎么了？"妈妈眨着眼睛说："宝贝儿子，你怎么哭了？"

"妈妈，你怎么坐在这儿？"

妈妈看看四周："我也不知道。刚才一阵迷糊，觉得一切都停止了似的。什么也不知道了！"妈妈发现了地上的时光之轮，"这是什么？"

"这是传说中的'时光之轮'，刚才就是它让时间停止了。"小狐狸把时光之轮塞到妈妈手里，"你攥紧它！"

话一说完，小狐狸就僵住了。妈妈赶紧松开了手，把时光之轮放在餐桌上，把小狐狸揽到怀里："孩子，你是不是想用它留住时间，不让小猴子走呀？"

"嗯！我只是想等苹果成熟了，给小猴子带一些走！"

妈妈慈爱地笑了："哈哈，傻孩子，你让时间停止了，苹果还能成熟吗？"

小狐狸恍然大悟："怪不得，刚才，苹果们都有气无力的呢！"

说话间，那车轮竟飞了起来，变成一片树叶飘远了。"没有谁能控制时间！"一个苍老的声音也慢慢远去了。

太阳落下去，又升起来。小狐狸送走了小猴子。又过了几天，苹果成熟了。他装了几大箱子，给小猴子邮过去。

第二年春天，小猴子来信了："你的苹果在山里扎根落户了，它们都长出了嫩嫩的芽儿，过几年，这里也会有一片美丽的苹果园。"

小狐狸读着信，仿佛看见一个巨大的'时光之轮'载着自己、小猴子，还有所有的人，不紧不慢地转动，苹果在开花、结果，直到成熟。

聪明脑瓜转转转

小红点遇到难题了。

小水桶一只，沙子一堆，绿豆一堆，苹果几个，水一杯。如何把它都装进桶里？

晒客一族（晒感悟）

小红点：一样多的东西，装的顺序不一样，结果就不一样哦。

兰精灵：先让大水果占据主要空间，其他的小东西填补缝隙，好玩，好玩！

小狐狸：珍惜时间、管理时间的关键是：先做最主要的大事。

读者乙：不是那么重要的事儿，零碎时间要利用好啦。

谁来帮帮我？我要把所有的东西都装进桶里去。

1、先装进苹果

2、把绿豆倒进去

3、把沙子倒进去

4、最后把水倒进去

我和蝴蝶有个约会

"我和蝴蝶有个约会！"苏美对妈妈说，眼睛里亮晶晶地闪着光彩。

"哦！是吗？"妈妈从面团上抬起头来，冲她笑了笑。

苏美忽然就失去了说话的冲动，因为妈妈的笑容里写满了敷衍。虽然她极力做出了感兴趣的样子。

她垂下眼皮，亮晶晶的光芒瞬间反射到了心里，眼前就昏暗了。

"蝴蝶说什么来着？"妈妈看都不看她，问道。

苏美摇摇头，"没什么。"走回了自己的房间。

"我和蝴蝶有个约会！"苏美对宁微说，眼睛里闪着亮晶晶的光彩。宁微是她最好最好的朋友了。

"蝴蝶是谁？网友还是帅哥？"宁微满脑子的问号。

"就是会飞的蝴蝶呀！就在昨天，我春游的时候，跟它定下了约会。昨天，它还是只毛虫呢！"苏美急急地说下去，生怕宁微打断她。

"哈哈哈"宁微爆发出一阵笑声，眼泪都笑出来了，她一只手抹着眼泪，一只手摸摸苏美的头，"你，脑子进水了？还是昨天春游，叫蜂王给把脑袋蛰了？"

苏美烦躁地摆摆头，"你听我说。"

"蝴蝶会和你约会？哈哈？还是毛虫呢？它会说话吗？哈哈哈哈哈……"

苏美没有留下来继续听宁微最后的笑声，她把脑袋轻轻挣脱，走开了。

"我和蝴蝶有个约会！"苏美对老槐树说，眼睛里潮潮的。

老槐树点点头，白色的槐花纷纷扬扬，苏美看见一朵洁白的花儿对着自己展开了最甜美的微笑。她的眼睛又闪闪的了。

"我和蝴蝶有个约会！"苏美对老鹳草说，老鹳草长长的草茎上吊着几个可爱的花苞。

老鹳草蓝色的花苞慢慢咧开了嘴巴，一缕淡紫色的幽香，轻轻浮上苏美的面颊，又亲吻了她的双眼，苏美的心里就甜滋滋的了。

"苏美和我有个约会！"毛虫记得。她向飞蛾幼虫提起时，连身子下的草茎都听得出她口气里的炫耀。

"是呀！我听到了，你真幸运！"飞蛾幼虫很是羡慕，"我一直搞不懂为什么人类喜欢你们蝴蝶，却冷落我们飞蛾？"

"怪只怪你们长得不够漂亮啦！"

光阴可不管你是得意还是失意，它只是静静地向前走。

蝴蝶和飞蛾都破茧而出，成为了名副其实的蝴蝶和飞蛾。

"哇！原来外面这么大！"

"原来天这么蓝！水这么青！"

"哎呦，还有这么鲜艳的花朵，好香的花粉呀！"蝴蝶欢快地飞着，眼睛都看不过来了。

"我要去花园！我要去湖边！"蝴蝶浑身上下都充满了对新生活的向往。

回头一看，笑容消失了，"你，平凡的飞蛾，离我远点，好不好？"

"不是的啦，我只是想提醒你，你和苏美有个约会！你不会忘了吧？"

"怎么会呢？那个小姑娘好喜欢我呀！"蝴蝶很陶醉。

"那，你去找她呀！"

"可是，我怎么才能找到她呀？我又不知道她住在什么地方？"蝴蝶犹豫着。

飞蛾着急了，"你去找呀！我们有翅膀呀！"

"我们蝴蝶只有短短一个夏天的快活时光,我可不想浪费在寻找上，"

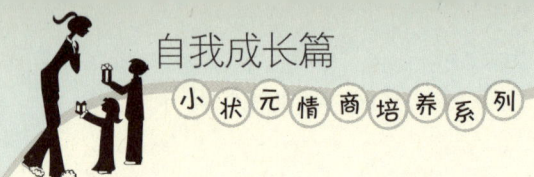

蝴蝶伸了伸懒腰，"啊！我要尽情享受自己美好而短暂的生活。"说完，她忙忙地飞走了。

飞蛾急急地追，"你别走，你可是答应了苏美的！"

"去，去，别跟着我，她早忘了，你怎么能指望人类会记得和我们的约会！"

"不管怎样，你都要兑现自己的诺言呀！"飞蛾都要急哭了。

"苏美等不到你，会难过的。"

"烦不烦呀！"蝴蝶飞进花园，藏到了密密的花朵下。飞蛾飞过来、飞过去，"苏美会哭的，她是那么可爱的一个小姑娘！"

"那么纯洁美丽的心灵，不能让她受到伤害。"

"你不去，我去！"

"同意！同意！你替我去！"蝴蝶突然钻了出来，又嘻嘻地笑了："就怕小姑娘不喜欢你的丑样子！"

"我丑吗？"飞蛾飞走了，再也没有回头。

飞蛾飞过一丛月季花："芬芳的月季花，我像蝴蝶吗？"

"你不就是一只美丽的蝴蝶吗？欢迎你和我们做朋友。"

"不，谢谢你，我要去找一个纯洁的小姑娘。"

飞蛾飞过一片苹果林，"洁白的苹果花，我像蝴蝶吗？"

"你有纯洁的心灵，比蝴蝶还美丽！留下来和我们做朋友吧！"

"谢谢你们，我还要去找一个可爱的小姑娘！我答应她了。"

"善良守信的飞蛾，小姑娘们都在学校呢！哪里有琅琅的读书声，哪里就有可爱的小姑娘！"见多识广的苹果树热心地给飞蛾指路。

飞蛾飞过一座座学校，一直听不到她熟悉的天真的声音，闻不到她熟悉的气味，还有那双温柔关爱的眼睛。

"被蜂王蜇过的脑袋正常了？"宁微笑嘻嘻地摸苏美的头。

苏美不高兴地晃了晃头，每天上学、放学、游戏，妈妈和朋友认为她早已忘记了的约会，执着地在她的心田里滋长。这些只有老槐树和老鹳草知道。宁微不知道。

校园里的蝴蝶越来越多了，翩翩飞舞。

"是你吗？老朋友！"苏美问，蝴蝶没有回答，摆摆翅膀飞走了。

"我是苏美，你认识我吗？"蝴蝶给了她一个白眼，离去了。

苏美抚摸着老槐树苍老的树干，"老槐树爷爷，蝴蝶会不会忘了和我的约会呢？"

"不会的，也许是什么事儿给耽误了吧！耐心等等。"老槐树给她安慰。

苏美把自己的脸埋进老鹳草的怀抱，老鹳草用香味拥抱了她，"孩子，蝴蝶也会面临苦难的，让我们为她祈祷，愿她能够快活地飞翔，好吗？"

苏美点点头。

"你真幸福，能快活地飞翔！"苏美对一只蝴蝶喃喃自语。

蝴蝶颤了一下，绕着苏美飞了起来，羽毛状的触角急急地颤动着，哑语一般。

"你是我的朋友吗？"苏美温柔急切的目光温暖着疲惫的蝴蝶。

"是的，是的，我是蝴蝶，来赴我们的约会！"急切间，苏美竟然读懂了蝴蝶触角的语言。

"我和蝴蝶有个约会，我和蝴蝶有个约会。"苏美快乐地要飞起来。

"亲爱的朋友，我的蝴蝶来赴约了！"苏美把蝴蝶介绍给老鹳草。

老鹳草微微笑，给了蝴蝶一个香香的拥抱。

"老槐树爷爷，我的蝴蝶来了！"

老槐树哈哈笑，缤纷的花语把蝴蝶围绕，蝴蝶就在老槐树安了家。

"宁微，这就是我的朋友蝴蝶，她真的来赴约了！"

宁微睁大眼睛，哪里敢相信。

蝴蝶绕着宁微飞了一圈儿又一圈儿，最后停在苏美的手掌心，两只翅膀水平展开，触角比划着，苏美翻译："你好，宁微，我是苏美的朋友，很久以前，我们有个约会，我飞了好长时间，找了好多个学校，才

找到了她！"

宁微伸出手掌，"你能来我的掌心吗？我能和你做朋友吗？"她屏住呼吸，注视着蝴蝶。

蝴蝶飞了起来，看看苏美，苏美点点头，看看宁微，宁微静静地笑，蝴蝶看出了她眼中的真诚，飞过来，停在宁微的掌心。宁微手心里痒痒的，心窝里也痒痒的，后来，她才知道这种感觉叫作幸福。

蝴蝶说话了，如被催眠一般，宁微发现自己也听见了蝴蝶的语言，"你也是个善良可爱的女孩子，你是苏美的朋友，也就是我的朋友！"

两个小姑娘，一只蝴蝶，老槐树，老鹳草，都沉浸在沟通的喜悦中、温柔的和谐里。

飞蛾徜徉在老槐树的枝叶间，心事重重，羽毛样的触角无力地低垂着。秋天到了，老槐树开始落叶，如黄蝶一样。

"我欺骗了苏美。"飞蛾有些内疚。

"可我是喜欢她的，我只是怕她伤心，才冒充了蝴蝶。我活不了几天了，该不该告诉她呢？"

飞蛾心事重重，老槐树寂然无语。

"苏美，我该走了。"蝴蝶又停在苏美的掌心，两只翅膀水平展开，触角舞动。

"为什么？"

"天凉了，我要告别这个世界了。"她看见苏美的眼里汪满了泪水。

一阵心痛，蝴蝶飞过去，一只羽毛状的触角拂过晶莹的泪珠，凉凉的。

"我，我对不起，其实我不是蝴蝶，我只是只飞蛾，只是因为蝴蝶一心去追求她自己快乐的生活，我才冒充她来赴约！"奇怪？怎么好像，似乎没有看到苏美惊讶的眼神？

"别怪我，我不想欺骗你，我怕你伤心，不愿意你失望，能原谅我吗？"

"亲爱的朋友，你那么善良，那么可爱，我怎么会怪你呢！"苏美怪怪地一笑，"其实呀，我们早就知道你是只飞蛾，你那羽毛状的触角，和水平展开的翅膀告诉了我们。"

飞蛾不好意思地藏进了绿叶深处。

"我喜欢你，不管你是飞蛾还是蝴蝶，我们都是好朋友。"苏美大喊。

飞蛾重新飞出来，"那么，我们再定一个来生的约会，好吗？"

"好呀！好呀！"苏美亮亮的眼睛等待着。

"明年，我的孩子会来赴约的。"飞蛾慢慢地隐进了绿叶深处，这次，再没有出来。

苏美也再没见过她。

明年，春天来时，我和飞蛾有个约会。

心理学家的报告

请大家记住这位安德森先生，他是教我们交朋友秘诀的一位心理学家。

他把 57 个描绘个性品质的形容词列成表格，让大学生被试者按照喜欢程度由高到低排成序列，并把调查结果列成了一个表。

影响人际吸引力的主要人格品质

最积极品质	中间品质	最消极品质
真诚	固执	古怪
诚实	刻板	不友好
理解	大胆	敌意
忠诚	谨慎	饶舌
真实	易激动	自私
可信	文静	粗鲁
智慧	冲动	自负
可信赖	好斗	贪婪
有思想	腼腆	不真诚
体贴	易动情	不善良
热情	羞怯	不可信
善良	天真	恶毒
友好	不明朗	虚假
快乐	好动	令人讨厌
不自私	空想	不老实
幽默	追求物欲	冷酷
负责	反叛	邪恶
开朗	孤独	装假
信任	依赖别人	说谎

　　我们可以看出，最受人喜爱的六个人格品质是：真诚、诚实、理解、忠诚、真实、可信，看出来了吧？它们好像或多或少都跟真诚有关哈；排在最后，最不招人喜欢的几个品质如说谎、装假、不老实等也都和真诚有关，只不过是站到了真诚的反面哈。

　　于是，"老安"先生告诉我们：真诚受人欢迎，不真诚招人讨厌。

快乐鸡精灵

（一）鸡蛋里出来的?

"你想干什么? 成心煮了我不成? "一只小得不能再小得鸡站在锅沿上, 叉着翅膀, 瞪着圆眼睛, 冲李齐齐嚷道。

李齐齐一只手各拿半拉鸡蛋皮, 停在半空。嘴巴半张着, 傻掉了。锅里的水白花花地翻滚, 煮着方便面。

李齐齐好不容易回过神来, 嘴巴能使唤了："你, 你是谁? 鸡蛋里出来的? "

"那是自然, 要不你说我是打哪儿来的? "小鸡倒反咬一口, 忽然觉得爪子底下热气腾腾, 在锅沿上跳了几下, 实在受不了, 跳下来, 瞪着眼睛训李齐齐, "你傻呀! 还不关了电磁炉! 我可不想蒸桑拿。"小鸡什么都懂。

"哦! 对, 对。"对了半天, 齐齐就是不知道用哪个手去摁开关。

"哎呀, 你倒是先把手里的鸡蛋皮放下呀! "小鸡气得恨不得去扇他一翅膀。"是, 是。"放下鸡蛋皮, 关了电磁炉。

锅里的水停止了沸腾, 齐齐也冷静下来了。

"你到底是什么人? 你从哪来的? "

小鸡笑了, 笑声跟公鸡打鸣似的："我是什么人? 该说我是什么鸡! 告诉你, 我是鸡家族里独一无二的、本领高强的 happy 鸡。"

"还皮?"齐齐丈二和尚摸不着头脑。

小鸡又打鸣了："弱智，痴呆！就是快乐鸡，不过你要叫我 happy 鸡。"

齐齐爆笑："哈哈，happy 鸡，你，就你......"齐齐指着小鸡，眼泪都笑出来了，"狗长犄角，还整那样式！"他模仿赵本山的东北话，"还不如叫 happychicken 呢。"

"停！"小鸡大喝一声，笑声顿时卡住，憋得齐齐倒抽气。

小鸡骄傲地腆着胸脯，一只翅膀使劲拍着："这叫个性！懂不？新新鸡类！"

"哇！"齐齐好容易憋住的笑声又喷出来："太有才了！我喜欢你，来，跟我玩会儿！"一边去抓小鸡。谁知道鸡这玩意儿可比齐齐灵活多了。

厨房里一阵子鸡飞人跳、人追鸡跑，碰到了椅子，绊倒了酒瓶，最后齐齐喘着粗气，败下阵来，只好低声下气地跟眼前这只古灵精怪的小鸡商量："咱们客厅好好谈，行吗？"

这只古怪的 happy 鸡真的是被李齐齐敲蛋壳的时候敲出来的吗？小朋友们千万别去敲自己家的鸡蛋呀，小心！敲不出 happy 鸡，可是会被妈妈打屁屁的啦。

（二）Happy 鸡的来历

Happy 鸡优雅地弯了弯腰，右翅膀潇洒地一挥："前面带路！"

到了客厅里，齐齐坐在沙发上，happy 鸡站在他的大腿上，毛茸茸的、嫩黄嫩黄的好可爱。开始讲述自己的来历。

我出生在池塘边，出生的时候跟别的鸡蛋没什么两样。只不过我的妈妈是一只梦想鸡。

从我出生的第一天起，妈妈就告诉了我一个鸡家族流传了不知多少年的传说。妈妈说，是她的妈妈的妈妈的妈妈...... 传下来的，她也是出生第一天听到的。

那就是，如果一只鸡在孵化成小鸡之后，能够耐住性子，一直呆在蛋壳里，不要主动啄破蛋壳出来，直到被人类敲开，那么这只鸡就会成为鸡家族的精灵，它会把快乐洒向整个世界。（瞎编！）

不过，直到我出现之前，还没有一只鸡精灵出现过。妈妈说，许多家庭早已经放弃了这个梦想，因为留下来的只是传说，没有精灵。可是，我妈妈却是相信的，只不过妈妈没有坚持到底，她在一个女人的菜篮子里，就在被拎回家的路上，被一只雄壮的大公鸡诱惑了，被池塘边的美丽风景给诱惑了。自己啄开蛋壳，钻了出来，和那只大公鸡生活在了一起。（哈哈哈……）

我也是相信这个传说的，所以我一直呆在蛋壳里，直到今天。

齐齐摇摇头，又点点头："怎么会？你在蛋壳里不闷吗？"

当然闷，我不能让别的鸡蛋或是小鸡知道我的存在，要是他们知道蛋壳里面有一只小鸡在，肯定会啄破蛋壳的，这样就会破坏我的梦想计划。我就忍着，不出声，不乱动，在兄弟姐妹眼里，我是个笨蛋。在你们人类中，笨蛋指智商低；我们鸡家族中，笨蛋就是孵不出小鸡的蛋。

说到这，笑了两声："你们吃的都是些笨蛋！"

没孵化之前，他们都挤到妈妈暖暖的怀抱里等待孵化成小鸡，常常把我挤到角落里。只有妈妈时常把我拉过来，揽到她怀里，给我温暖，我慢慢也就孵成小鸡了。兄弟姐妹们一个个啄破蛋壳，变成了唧唧叫着的小鸡，满院子跑啦，我还孤独地呆在鸡窝的角落里。我曾经很孤独。不过，让我高兴的是，我能感觉到，鸡家族的魔力，一辈一辈飘散在空气中的魔力，慢慢地在我身上凝聚。

你问我在蛋壳里吃什么，我吃魔力。你说如果我长大了，不小心胀破了蛋壳怎么办？我不会再长大了，长大只会被你们吃掉。我不吃食物了，永远是现在这么可爱的样子。（超级自恋的家伙！）

对了，你保存好我的蛋壳，那里有一个秘密。（齐齐跑进厨房，拿出蛋壳，对着阳光仔细照）什么都没有！你听我继续说，魔力是精神的需要，不是细胞分裂再生的需要，所以我不会再长大，但是我的精神会越来越强大。（听不懂）也就是说，我不吃你们吃的粮食，它只会让你

们长脂肪。只吃你们吸收的知识，这样才会真正地强大，笨蛋，我说清楚了吗？（齐齐做恍然大悟状，懂了）

"那么，你有魔力？"

Happy 鸡到底有没有魔力呢？

（三）新同学 happy 鸡

当然有啦！随着我的破壳而出，我的魔力会越来越大。随着我在人间的游荡，我的魔力也会越来越大。我的第一个目标是游历人类世界，发现更多的快乐；第二个目标，现在……还不知道。

"你快乐吗？"

也有烦恼，但是快乐更多。我的魔力之一就是在烦恼堆里寻找快乐，就如同一只小鸡在瓦砾堆里啄米一样。哈哈，据说上学是你们最痛苦的事儿，我来试试，看能不能发现快乐。

齐齐张开衣兜："发现上学的快乐？有点难。"

"给你！"Happy 从翅膀底下抽出一根红绳，跟同学们带饰物的红绳一样。一头已经栓在项圈上，齐齐接过来，绕过自己的脖子，捆好。现在，happy 鸡在齐齐的胸前快活地荡起了秋千。明天齐齐就可以带宠物上学啦。

齐齐一进教室，眼尖的大石就瞅见了他脖子里的红绳。一个箭步就冲了过来，伸手去扯："哈哈，你不是说过不带这玩意儿吗？这是什么？我瞅瞅！"

齐齐捂住脖子，一只手死命地抓住大石的手："别动，别动！我拿出来给你们看！"

同学们早围拢过来。

大石松了手，齐齐掏出 happy 鸡，托在手上说："看！怎么样？漂亮吧！happy 鸡。"

"什么？海皮？"

"笨蛋，痴呆，弱智！是英语，就是快乐鸡的意思！"齐齐模仿 happy 鸡尖尖的嗓子和瞧不起的口气。

大石发出意料之中的爆笑，同学们也都嘻嘻地笑了。大石抓过 happy 鸡，放在眼前仔细瞧。

突然，大石像被人掐断脖子似的，掐断了笑声。眼前黄黄的小鸡儿，眼珠滴溜溜地转？好像有淡淡的嘲笑在里面，是对他少见多怪的嘲笑。

"你，你……"他用另一只手揉揉眼睛，仔细看，没有转呀！他用手大着胆子去摸，摸小鸡乌溜溜的眼珠，死的，不动！

"呼——"他长出了一口气，松开手，小鸡又在齐齐胸前荡了起来。

齐齐不慌不忙，同学们莫名其妙，乱嚷嚷。

"我看看！"

"给我！"

……

一只只手从人群中挤进来。

齐齐拿起小鸡，又放在掌心，冲着同学们转了一圈，仿佛明星一样。哇！被大家的目光追捧的感觉，爽！

齐齐更得意："今天，我向大家隆重介绍我们一位新同学，happy 鸡。""happy"几个字咬得很重。

"就是快乐鸡，但是我想他还是愿意让你们叫他 happy 鸡！"

"哇！"又是一阵哄笑。60 个人一齐大笑什么效果？掀掉房顶的效果呗。

"希望大家鼓掌欢迎！"齐齐率先鼓起掌来。

掌声雷动。不过恐怕不是为了欢迎新同学，而是鼓励齐齐精彩而搞笑的表演。

齐齐来劲了，大声叫着："happy 同学，向大家问个好！大家认识一下。"

100 多双眼睛都盯着齐齐手里黄色的小鸡，看上去跟暖玉一样。它静静地，什么都没有发生。

Happy 鸡怎么啦？

（四）Happy 鸡交朋友

"切！"看到齐齐手里的小鸡一动不动，分明就是一件仿真度比较高的小饰品嘛，同学们失望地嘘声一片。

"搞什么嘛！不带这么骗人的啦。你的 happy 同学睡着了？还是见这么多人吓呆了？"小阳阴阳怪气地挖苦。

"我看不是吓呆的，是帅呆了吧？"大石使劲强调那个"呆"字。

教室里乱糟糟的，说什么的都有。

忽然，一只手从人群后面伸进来，一把抢过小鸡，齐齐正纳闷小鸡怎么不说话呢，没防备，被拽着往前扑去。

"我来瞧瞧 happy 同学，呆若木鸡了吧！"原来是大鹏，使劲儿扯着红绳，唾沫星子乱飞。

忽然，他扭起了屁股："谁？谁拧我屁股？"

"是你！干吗拧我屁股？"他转回身，质问后边的同学。

大鹏手里还扯着红绳呢，齐齐被拽得难受，使劲儿往回拉，大鹏就是不撒手，两人一较劲儿，"啪"红绳断了。

齐齐手里只剩下了一段红绳，小鸡还在大鹏手里呢。他涨红了脸，扑上去就抢："还我，还我！"

"哎呦，谁又拧我的手？"大鹏惨叫。齐齐猛然站住了，他忽然知道是怎么回事了，笑嘻嘻地看着大鹏。

原来，那只小鸡正用尖尖的嘴巴叼住大鹏的手背，使劲儿拧呢！看得出来，小鸡挺有劲的，大鹏疼得呲牙咧嘴。大家也都注意到了，哈哈大笑。

齐齐拿过小鸡："怎么样？ happy 同学给大鹏同学的这个见面礼还不错吧？"

"不错！"全班同学齐声嚷。

"拧了屁股再拧手，看你和不和我做朋友？"小鸡终于开了金口，嗓音尖尖的。

"做，做朋友，我是 happy 的死党！"大鹏低声下气而又热情高涨地宣布。

"去你的，还轮不到你！"齐齐用胳膊肘推推大鹏。

大鹏心虚，只是嘿嘿地笑。

Happy 站住齐齐手掌上，优雅地一蹲身："嗨，大家好。我是鸡家族独一无二、至高无上的鸡精灵——happy 鸡，你们可以叫我 happy，希望大家喜欢我！耶！"

他抬起了右翅，向大鹏拍去。还别说，大鹏反应不慢，仓促举起右手掌，"啪"击在一起，"耶！"happy 欢呼。

然后，他和同学们一一击掌欢呼。

"耶""耶"欢呼声此起彼伏。

Happy 又从翅膀下抻出一根红绳，不一会儿，他就又在齐齐的胸前荡秋千了。多少双眼睛羡慕地望着李齐齐。

他用小爪子挠挠齐齐的胸膛，左瞧右看："你们看见快乐了吗？它们来了，五彩缤纷，正在咱们教室里飘呢！"

"看见了，我们看见快乐了！"五颜六色的快乐在教室里飘扬，有几朵还挤出窗户，飘到操场上去了呢。

快乐来了，就不会走了吧！

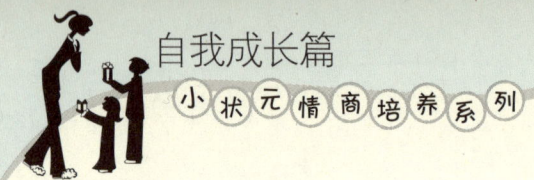

心理自助餐

小红点：欢迎大家来到心理自助餐厅，今天我为大家准备了多种多样的材料，希望大家能搭配出属于自己的 DIY 快乐大餐。

快乐土壤：宽容、善良、乐观、自信……

快乐食品：燕麦、香蕉、苹果……

快乐片段：笑话、小品、相声……

快乐运动：散步、跑步、篮球、舞蹈……

快乐气氛：阳光、细雨、轻风、花香、鸟鸣……

因为，阳光中的紫外线会刺激大脑产生"内啡肽"，这种东西可以帮助我们保持年轻快乐的状态。因此，经常接受阳光照射会让人产生快乐的感觉。

（五）Happy 鸡来帮忙

这节课上语文，本来齐齐就烦语文课。何况今天好像，happy 有点不对劲，隔着 T 恤摸去，软软的，好像没有了轮廓一样。"他怎么了？"齐齐心想。

眼前好像掠过一抹嫩黄的影子。

"happy？去哪了？追？"齐齐出了教室，果然看见一个飘飘忽忽的鸡影子在前面飞。齐齐也使劲飞，一边喊："happy 等等我！" happy 好像没听见似的。他们一前一后来到一个美丽的池塘边，小鸡停住了。

"你来这里干吗？"齐齐气喘吁吁地问。

小鸡不答话，转身又往回跑。齐齐只好跟着，又回到了教室。语文课还没结束。

"同学们拿出纸来，咱们听写刚刚讲过的生字。"老师开始每节课最后的例行公事。齐齐顾不得问 happy，撕下一张纸。

卡壳了，不会写，笔尖在纸上戳了几个小黑点。

"写不出来就画圈，别忘了！"老师早看见有同学停住了笔，嘱咐道。

齐齐画了一个圈儿，虽然他挺习惯画圈的，但还是觉得画得不够漂亮，有点沮丧。一篇课文的生字写下来，画了 7 个圈儿，一个比一个丑。

齐齐学习不算好，但是一次画这么多圈儿，还是头一回。一直到放学，他都打不起精神来说话。

意料中的罚写果然来了，一副苦大仇深的样子。15 遍，俺的妈呀！除了圈儿还写错了 8 个。愤怒的老师在听写纸上勾了个横眉怒目的脸，旁边有几个大字："明天办公室找我！"大大的叹号，利剑一样。齐齐不自觉地哆嗦了一下。

"你可创记录喽！"大鹏抖搂着听写纸，幸灾乐祸地说。

齐齐没好气，夺过听写纸，跑出教室。

"别难过，happy 帮助你！"安静了一天的 happy 终于说话了。

"你还有脸说！还说有魔力呢？你早干吗去了？"齐齐把火气都撒到 happy 身上，"要不是你跑出去玩，我追你，至于画那么多圈儿，错那么多字吗？"

Happy 一点也不生气，还是笑眯眯的："得了吧，你不追我？你以为我不知道哇！你就是不追我，也会去追小鸟、追知了，你还追过蚂蚁呢！对不对？"

齐齐没话了，确实，上课的时候，他的心老往外飞，老师都叫过 N 次了，还是拽不回来。

Happy 抱起了膀子，一副事不关己的样子："你要是再埋怨我，可别怪我不帮你。"

"别，都怪我，还不成嘛！"

一路说着话，就到家了。

Happy 鸡会怎样帮助齐齐呢？

（六）四只小鸡写作业

Happy 从绳圈里跳出来，站到台灯罩上，开始发号施令了，像个将军。

"李齐齐！"

"到！"

"预备纸笔，笔要五支，纸，五张。"

"放哪？"

Happy 用圆眼睛翻了齐齐一下："写字台上一张，其余依次铺到地上。"

齐齐糊里糊涂地铺好纸，放好笔，自己坐到写字台前。

只见 happy 双翅一挥，叫一声："变！变！变！"好家伙，突然出现了四只和 happy 一模一样的小鸡，自动地站在纸的前面，还用双翅捧起了笔。

齐齐一蹦起来，要去摸小鸡。

"别动，回去！"happy 的命令不能违抗，齐齐看了看 happy 的表情，张了张嘴，最终没说出话来，吐了吐舌头，乖乖地坐回去。

"打开课本，今天咱们讲第 11 课。"乖乖！！ happy 讲起了语文课。

齐齐乖乖地听，小鸡们也乖乖地听。还别说，happy 真比老师讲得还有趣，一个个生字不用往黑板上写，只一拆、一解释就记住了。

"齐齐，能写对了吗？"

"报告 happy 老师，能，保证能！"

"就你废话多！齐齐念着，大家一齐写！各就位！开始！"

一个齐齐、四只小鸡拿起笔，一时间满屋子只有齐齐的声音和唰唰的写字声。Happy 叉着翅膀，笑眯眯地瞧着他们。

"搞定！"一遍写完，齐齐把笔一扔。

"第二遍，各就位，开始！"齐齐赶紧又抓起笔。

第三遍……

这次是 happy 听写，唰唰唰，一共十五遍，转眼间搞定。齐齐高兴得又蹦又跳的，忽然想起个问题："happy，你干吗不找 14 只小鸡来，那样我写一遍就成了。"

Happy 不理他，双翅一挥，叫声："回，回，回。"再看四只小鸡已踪迹不见了。

齐齐急了："你怎么把它们打发走了？我还要用它们写作业呢！"

Happy 冷笑了一声："你还想用它们？那还要你干啥？？"

齐齐脸红了，想起了上课的事儿，问："嘿嘿，你上课的时候干吗去了？你也没在教室，怎么老师讲的你就都会呢？"

"傻子！"happy 跳起来，用翅膀尖儿点着他的脑门骂道，"出去跑步的不是我，是我的影子。我还在教室里听课呢！"

"什么？你和你的影子能分开？那，我能吗？我追出去的也是影子吗？"

Happy 狠狠地敲了齐齐脑门一下："你猪脑子！让我给你开开窍！你飞出去的是心，留在教室里的才是影子！所以，你啥都没听见。"

"哦，怪不得老师常喊我'李齐齐，收收你的心吧'，敢情是这个意思。"

"对！你只要一想小鸟干啥呢，心就飞了。今天，你一想 happy 怎么了，心就已经飞了。"

齐齐有些灰心，垂下头去说："你说，我要是老这么着，是不是就真成废物点心了？"

"你得跟着老师的话想，心就踏实住了。想想我在蛋壳里的日子，不比你还难熬？"

"happy，你不是说过蛋壳里有个秘密吗？给我讲讲，讲讲吧！"齐

齐央求。

Happy 点点头："晚上吧！"

细胞总动员

指挥：happy 鸡

参谋：小红点

士兵：注意力细胞 N 个

集训内容：

1. 木头人静坐

时间：5—10 分钟

地点：舒适的垫子上或床上。

道具：一本书。

规则：找一个舒服的姿势坐好，不要靠着或趴着，把书顶到头顶，保持一动不动，如同木头人一样，不能眨眼，当然也不能出声音，打哈欠、咳嗽都不行哈。

6	25	5	23	8
19	21	16	9	22
3	2	24	7	10
15	18	1	13	11
4	20	17	12	14

2. 舒尔特方格

训练注意力的最经典游戏。

训练步骤：

A. 自己制作舒尔特方格，画出横竖都是5个（5×5），总共25个方格的大方格，把1～25个数字随意填到方格里。也可以制作6×6（36格）、7×7（49格）等不同难度的方格。

B. 朋友们互换画好的方格，一个人用手指按1～25的顺序依次指出其位置，同时诵读出声，另一个人在一旁记录所用时间。

C. 数完25个数字所用时间越少，注意力细胞水平越高哈。

以7～12岁年龄组为例，能达到26秒以内为优秀，学习成绩应是名列前茅；42秒属于中等水平，班级排名会在中游或偏下；50秒则问题较大，考试会出现不及格现象。

3. 青蛙接龙

几个小朋友围圈坐好，每个人说一句话，接龙说出"一只青蛙四条腿，两只眼睛一张嘴，扑通一声跳下水；两只青蛙八条腿，四只眼睛两张嘴，扑通扑通两声跳下水……"以此类推，哪个小朋友注意力不集中，出了错误，要罚他唱个歌喔。

（七）铅笔盒里的快乐田

晚上，月亮好圆、好圆。齐齐从书橱里捧出两瓣蛋壳，放在桌上，拄着胳膊肘，傻傻地看着蛋壳。

Happy来到他的身边："想知道蛋壳的秘密？"

齐齐点点头，happy的声音前所未有的温柔。

Happy关了灯，皎洁的月光把两个人的影子，清晰地勾勒在地板上。

"齐齐，脱了衣服，躺下吧，我带你去一个神奇的世界！"齐齐仿佛被催眠了一样，乖乖地听话。Happy的翅膀轻轻地抚摸着他："闭眼，面带笑容，我们要去一个非常美妙的地方，跟着我想'happy, happy，快乐，快乐，我来啦！'"齐齐在声音中变小了，飞了起来，happy飞在前面，他们飞进了蛋壳。最后一次回头，他好像还能模模糊糊地看到，自

己黑黑的影子还躺在床上呢！

心，没有了身体的束缚，像长出翅膀一样，真自由！

他们一前一后飞进了蛋壳里。

"哇！蛋壳里好大呀！"齐齐发现自己没有叫出声。

暖暖的阳光当空照着，叽叽喳喳的小鸟飞来飞去，或唱歌，或捉虫，一片忙碌，潺潺的小溪弯弯曲曲流向远方。远方矗立着巍巍的青山，好像传来轰隆隆瀑布的声音。一片片田野青翠碧绿，开满五颜六色的花朵，竟然还结满了五颜六色的果实，是好可爱的小豆豆哇！有一个一个的，有一串一串的，也有一嘟噜一嘟噜的……简直把齐齐看得目瞪口呆。

Happy 指着田野说："这就是我闷在蛋壳里画出来的，好看吗？昨天太阳是橙黄的，你看，今天我把它画成了橘红。这边，是我种的快乐田；来，你闻闻，这是快乐花；你摸摸，这是快乐豆。"齐齐小心翼翼地伸出手去，摸到了一串一串的快乐豆。是一串天蓝色的。跟蓝水晶一样晶莹剔透，摸在手里光光的、柔柔的，齐齐第一次感到蓝色折射到心底，温柔流进心田。

"我吃的魔力就是这种快乐豆！"

"齐齐，这种粉色的，一嘟噜、一嘟噜的，你知道它们是怎么来的吗？这是我到学校的第一天搜集到的快乐，你看，这颗，是大石的；这颗，是大鹏的。"

齐齐等不及了："我的呢？也该有我的吧！"

齐齐的快乐豆在哪里？小朋友们想不想也有一颗属于自己的快乐豆？

（八）种下我们的快乐豆

"当然了，这是你的！"Happy 摘下一颗粉色的快乐豆，递到齐齐手里。那颗圆溜溜、嫩生生、粉嘟嘟的豆子，在齐齐手心里滴溜溜地转。

"把每天的快乐，种在这里，就会有更多的快乐！"

"找一个有阳光、有水的地方就能生产快乐！实在找不到，自己画一个太阳、画一桶清水也行！" happy 忽然就不见了。

齐齐飞出蛋壳找，手里攥着粉色的快乐豆。飞呀飞呀！找呀找呀！忽然飞进一个地方，有水，有阳光，快乐豆已经等不及了，自己就从齐齐的手指间流下去了，钻进土里。不一会儿，摇摇晃晃地露出了头，小苗苗就要迎风欢笑……

"齐齐，该起床了！" happy 的小爪子挠他的鼻子尖儿。

齐齐睁开眼："闹什么闹嘛！我正种我的快乐豆呢！坏了，不会是一场梦吧！"他可怜巴巴地望着 happy，等他的答案。

"你把快乐田画在哪了？是不是铅笔盒的夹层里？"

齐齐翻身下地，掏出铅笔盒，果然，铅笔盒的夹层里就画着山水、太阳。"是真的，是真的！"

"看这里！" happy 指向书桌，书桌上放着一嘟噜粉色的豆豆。"呀！快乐豆！"齐齐跳过去，一把抓住手里。

Happy 说："这是大家的快乐豆，今天分给大家吧！帮助大家播种快乐的任务就交给你了！"

第二天，全班又一次沸腾了，一人一颗快乐豆，在每个人的手心里咕噜咕噜地打转，就好像在心里转一样，那叫一个美！

"种在哪？哪？"

"一个有太阳、有水的地方就行！实在找不到，自己画一个太阳、画一桶清水也行！"

"我们家哪里有水？有阳光？"大鹏恨不得现在就拿放大镜回家搜索一遍。

happy 扭着屁股唱起了歌儿，"春天在哪里呀？春天在哪里？春天在小朋友的眼睛里。阳光在哪里呀？阳光在哪里？阳光在小朋友的心田里。滴哩哩……"

快乐豆种下了，每个小朋友都有了属于自己的快乐田。Happy 鸡的

快乐洒满了整个教室，据大鹏观察，同学们脸上的笑容多了起来，可是，数学老师的考试还是那么多，脾气还是那么坏呢。

（九）数学老师笑了

这不，今天抱着试卷走进教室的数学老师，揣着满满一肚子火气。

昨天又出了几道题考大家，那几道题真难，齐齐有两道题没做出来，做了的心里也没底，不知道对不对，大鹏更别提了，只做了一道题，差一点点就交了白卷。班里大多数同学都有一道或者两道题没做出。

"啪！"把试卷狠狠地摔到桌上，同学们都吓了一跳，大气不敢出地低下了头，不敢看老师，"看看你们做的题，空了多少？怎么就不会做呢？"说着，把试卷分给前排的几个同学，让他们发下去。"不知道你们上课都听什么啦？说过多少次，上课注意听讲，上课注意听讲！怎么就做不到呢！人家别的班都有一个 100 分的，咱们班就没有，气死我啦！不争气的孩子……今天晚上多留几个题。"

全体同学再次集体颤抖，不怕数学老师发火，就怕数学老师多留几个题。

齐齐也在哆嗦之列，忽然，感觉胸口的 happy 鸡窜了出去，抬头看，一道黄影直奔数学老师，是他，happy 鸡！说时迟那时快，小鸡已经窜到了数学老师眼前，正在狂怒中的老师没来得及反应，就被小鸡用两只小翅膀捏住了鼻子，嘴巴张开。一颗快乐豆！齐齐看的清清楚楚，happy 把一颗快乐豆塞进了老师的嘴巴里，马上松开了鼻子，一转眼，一溜黄影已经窜回来，钻进自己的胸口，那叫一速度！全班同学都低着头挨训，只有齐齐知道发生了什么。

数学老师的鼻子被放开了，嘴巴并没有马上闭上，齐齐看到他的喉咙动了一下，好半天，嘴巴犹犹豫豫地合上了。迷迷糊糊地摸摸自己的喉咙，大概是想弄明白刚才自己是不是真的吞下去过什么东西，然后又看了看同学们，竟然莫名其妙地笑了："嘿嘿，其实昨天做的这几个题，确实是有点难，也难怪同学们做不出来呢。我刚才批评你们，也是为你们着急，想让你们学得更好更快一些。好吧，同学们都看着试卷，我给大家讲讲，注意听哟！"

所有的同学，当然也包括齐齐，齐刷刷地把目光投向老师，怎么回事？这是数学老师在说话吗？怎么感觉跟换了个人似的。齐齐真不知道，快乐豆有这么大的功效？

"老师，那晚上的题？"大鹏壮着胆子问。

"嗯——"老师又板起脸，拉着长音说。同学们的心一下子又都提到了嗓子眼儿，随着老师的尾音一颤一颤的。老师忽然又笑了："只要能够把今天的错题和空题改对做对，就不罚啦。"

"耶！"同学们给点阳光就灿烂，欢呼起来。齐齐把手伸进胸口里，摸摸 happy 鸡，小声地说了句"谢谢"。

这节课，同学们都听得非常认真，当然也就都学会啦。

（十）苹果馅饼的诱惑

快乐的日子总是过得很快！

"喷喷香的苹果馅饼来了！"妈妈笑眯眯地端出了盘子。最近不知怎么回事，做饭都想哼着歌儿。

甜香甜香的味道冲进鼻孔，齐齐听到了一声"咕噜"，声音不大，他看看妈妈爸爸，没反应。他走进卧室，一边关门一边说："你怎么了？"happy 的脖子一伸一缩的，"在咽唾沫？"

Happy 点点头，很困惑的样子："为什么？我好像有点馋。"又摇摇头，"不能吃！不能吃！"

"你去吃吧！"它跳出绳圈，"我在屋里待会。"

"齐齐，吃饭呢！躲在屋子里干什么？"

"哎！就来！"

齐齐压低声音说："那我去了，你等我！"

门又开了，齐齐进来了，带着一股甜香。"你瞧，我给你带了一块苹果馅饼，好吃着呢！吃吧！"

Happy 犹豫地凑过去闻了闻，拿不定主意。"吃一点？我尝一口没事吧！"

终于，happy 啄了一口，咽下去，露出了笑容。又啄一口，"真好吃！人类怎么会有这样的美味！"

有了第一次就有第二次，happy 也爱上了苹果馅饼。

可是齐齐觉得有点不对劲，就是不知道是哪？

"齐齐，我想我得走了。"这句话可把齐齐吓了一大跳。

"什么？什么？你，要走？去哪里？"

"我还不知道，但是我不能呆下去了！你看我！"happy 站在齐齐面前。

齐齐仔细端详它，变了？好像是变了？"哦！你……"好像看出点什么来了。Happy 苦笑了一下，接了齐齐的话："我好像胖了，是不是？"齐齐使劲点头："为什么？"

"都是苹果馅饼惹的祸！"happy 叹了口气，"苹果馅饼让我长了脂肪，挤掉了魔力！要是这么吃下去，我就不再是鸡精灵了，我就和一只普通的肉鸡没什么两样了，结局就是被人吃掉。"

"我不会让他们吃掉你的！"

"我现在理解妈妈了，成为一只鸡精灵不容易，做好一只鸡精灵更不容易，这条路上诱惑太多了。"

"都怪我，我不该叫你吃苹果馅饼的！"齐齐撅了嘴。

"哪能怪你呀！是我自己要吃的嘛！唉！电视里不是说过要远离毒品吗？这就是鸡精灵的毒品。我要远离毒品、远离诱惑，才会有快乐。"

"可是，我不想让你走！"

"分手是早晚的事儿！"

当晚，happy 和齐齐说了半夜的话儿，才迷迷糊糊地睡去。

"happy,happy？"齐齐在呼叫中醒来。摸摸自己的胸前，happy 还在！

笑容还没来得及绽放，就凋零了。Happy 身上凉凉的，齐齐明白了，happy 走了，真的走了，只留下了的影子，做了纪念。

齐齐流下了泪，泪水中，他看到铅笔盒里的快乐田还在。挂着泪珠笑了：原来流泪也可以是快乐的。

心理实验室

——棉花糖实验

实验地点：美国斯坦福大学幼儿园。

参加人员：十几名幼儿园小朋友（当然也有咱们可爱的小红点啦）。

实验步骤：

1. 十几个小朋友被分别安排到只有一张桌子和一把椅子的小房间里，单独的哦。

2. 研究人员往桌上的托盘里放上小孩子爱吃的棉花团或饼干等，并且告诉他们：可以马上吃掉棉花糖；也可以等到我回来再吃，那样的话会再奖励一块棉花糖的；要不也可以按铃叫我回来。

3. 有的小朋友不到半分钟就按铃了；大多数不到 3 分钟就熬不住了，把糖填到了嘴巴里。

4. 有一些孩子或者转过身不看棉花糖，或者捂着眼睛，或者自己唱歌、踢桌子、自言自语……终于坚持到了 15 分钟，研究人员回来了，孩子们得到了第二块棉花糖作为奖励。

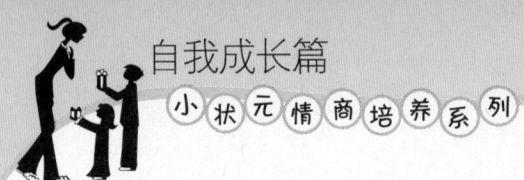

耶，胜利啦！

这就是心理学里有名的"延迟满足"实验，延迟满足是一种能力，就是为了追求更大的目标、获得更大的享受，可以克制自己的欲望、放弃眼前诱惑的能力。

小红点：实验到此并没有结束，米歇尔教授一直跟踪这些参加实验的孩子到35岁，发现那些可以抵制诱惑、得到奖励的孩子们学习成绩要比没得到奖励的孩子们高出许多，而且自我控制能力强，大多数比较成功，犯罪的概率比较小。

克隆青蛙

  青蛙跳博士，也就是青蛙跳跳，他喜欢看科幻小说，总愿意让别人拿自己当博士看，要说他脑瓜灵活，也确实有两下子，常常喜欢鼓捣一些出人意料的玩意儿。

  咱们也就尊重跳跳的意愿，叫他"跳博士"吧。

  跳博士最拿手的功夫当然就是跳了，所以他一天到晚除了睡觉的时间，都在跳。跳到东、跳到西、跳来跳去跳进一个臭臭的烂泥塘里。黏糊糊的烂泥也难不住英勇的跳博士，他强劲有力的后腿用力一瞪，嗖的一声跳出泥塘，淋淋漓漓的烂泥被带到半空，又噼里啪啦地溅下去……

  有情况！跳博士顾不上腿上的烂泥，直奔一点黑影扑过去，细长的舌头以迅雷不及掩耳之势伸出去又缩回来。呵呵，跳博士落了地，满意地呷呷嘴巴，好吃的蚊子耶！还没来得及喘气，密密麻麻的蚊子军队，堪称庞大的蚊子兵团，包围了跳博士。

  哈哈，小小的蚊子，敢和我青蛙叫阵！这不是拿着鸡蛋往石头上碰吗？青蛙长舌左伸右卷，风卷残云一般，吃得好爽！一转眼，蚊子第一军团被消灭光，跳博士还来不及高兴，蚊子第二军团又赶了上来。肚皮已经鼓鼓的跳博士有点发毛了，双拳难敌四手，单枪匹马的青蛙也吃不完这么多的蚊子呀！

  三十六计走为上计！跳博士见事不好，几个优美的弹跳，身影已经落在很远之外了。

  他不服气：堂堂的青蛙跳博士，竟然在小小的蚊子面前落荒而逃，要知道食物链上，蚊子在下端，是自己的口中美餐呀！跳博士摇头叹息，唉——一世英名付诸流水！传出去叫人笑话！

他抓起电话："喂，蜻蜓小飞仙，帮个忙啦，我发现了一个烂泥塘，蚊子超级多，你来帮忙围剿它们，怎么样？"电话里传来蜻蜓小飞仙清脆的笑声："你说的那个烂泥塘，我去过，臭，臭不可闻，我清丽脱俗的小飞仙，怎么可能去那里围剿蚊子呢？跳博士，十分抱歉啦！拜拜！"

帮我治理烂泥塘，咋样？

你那个烂泥塘太臭，我蜻蜓小飞仙，才不去呢！

电话挂断了，跳博士继续发呆。

有办法了！他忽然跳起来，落到操作台上，大眼睛放着光芒：孙悟空斗小妖精们的时候，不是抓了一把毫毛，嚼碎了变成了数不清的小孙悟空吗？现代科学史上，可是把孙悟空尊为克隆事业的先祖呢！对！克隆！就是这样，克隆一大堆小青蛙，一切不就 OK 了嘛！

说干就干！

自己的青蛙基因是现成的，只需要订购一套克隆生产线即可。"喂！"跳博士拿起电话，"是克隆工厂吗？对，我是青蛙跳博士，我要订购一套克隆生产线，有急用！请马上前来安装调试！对！哦，不对，我搬家了。请即刻赶到西经 58.63 度、北纬 29.75 度我的新家！ OK，拜拜！"跳博士一边操纵着电脑屏幕上的定位仪，找到烂泥塘的位置，说清楚之后，结束了通话。

跳博士就这样把家和实验室搬到了蚊子兵团的驻地——烂泥塘，看来，他是要和这些蚊子宣战到底了。

克隆生产线调试成功了，用自己身上的哪一部分提取基因最合适呢？跳博士想：人类好像是用头发，剪一根就可以了，可是自己没有；

要不就用手脚的指甲，也没有……有了，它伸出长舌头，就用一点点唾液就够了！

青蛙基因输入进去，自动控制的克隆生产线开始工作了。太神奇了！跳博士眼瞅着：一只青蛙，两只青蛙，三只青蛙……从生产线上跳下来，跟自己一模一样。两百只青蛙全部克隆完毕，整整齐齐地站成方队，接受跳博士的检阅。"冲呀，吃蚊子去！"跳博士身先士卒地跳了出去，身后跟着两百只小青蛙，烂泥塘里展开了一场蚊子围剿战。

让跳博士意料不到的是：蚊子们的繁殖能力太强，今天消灭一批，明天又冒出来一批，和蚊子的战争是一场持久战呀。可是，按照克隆法律的规定，克隆生命存在期只有十五天，也就是说十五天之后，克隆工厂的工作人员会把两百只克隆青蛙带走销毁。现在还剩十三天啦。眼看着蚊子消灭不完，怎么办？

跳博士发愁的时候就要跳，跳得越高，跳得越远，就越能找到好主意！他使劲儿跳，有几次甚至碰到了白云的衣袖，没有想出办法来；他使劲儿跳，从烂泥塘一下子就跳到美丽的荷塘中，从一张大荷叶跳到另一张大荷叶。蜻蜓小飞仙就住在这里，要不去她家坐坐？"哎呀！我有主意了！"转身就往回跳。

回到家，跳博士马上召集小青蛙们，暂时先不去吃蚊子。而是开始改造烂泥塘的工作，把泥塘挖深，扩充成一个大池塘，把臭水抽干。臭水里好多蚊子的幼虫，大部分被消灭掉了。再换上清水，种上速生莲藕，十天后就长叶开花了。跳博士又"蛙不停跳"地去市场买回来了几百尾小金鱼，放到大池塘里。还买了几百棵柳树，种到了池塘岸边。

十三天的时间到了，小青蛙们完成了使命，全部被销毁。

一个荷叶田田、垂柳依依的跳跳荷塘建成了。

跳博士再一次拿起电话："喂，蜻蜓小飞仙吗？我是跳跳，跳博士，我这里建成了世界上最大最美丽的跳跳荷塘，想不想来这里定居呢？"

"耶！是真的吗？"小飞仙惊喜地说，"我马上去考察一下！"

一会儿功夫，小飞仙带领了一些兄弟姐妹来到跳跳荷塘："太美了！

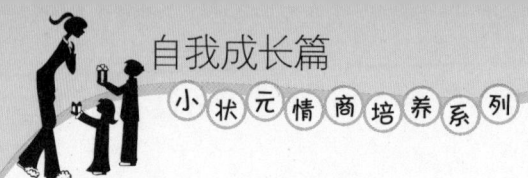
我们不走了！"蜻蜓小飞仙家族住了下来，更多的蜻蜓们被美景吸引，留了下来。

跳博士得意地笑着："呵呵，该死的蚊子，还有你们的幼虫，你们的末日到了！"

头脑风暴

小红点：海上会有风暴，陆地上也会有龙卷风，大家知道吗？我们的头脑里也会刮起风暴。什么？怎么刮风暴？一个问题就 OK！问题就像一块石头，扔到头脑里，就仿佛扔进大海，一石激起千层浪嘛。

问题来了：你怎么对付夏天里嗡嗡乱叫吸你的血的该死的蚊子？

请小朋友们尽情地来想办法哈，让脑细胞们活动起来，让风暴来得更猛烈些吧。

风暴持续猛烈的原则：

1. 禁止批评和评价。

2. 目标集中，追求数量，多多益善。

3. 鼓励利用和改善他人的设想。

4. 人人平等，完整记录每个人的每个想法。

5. 自由发言，畅所欲言，异想天开。

方法：

1. 挂一只蚊帐。

2. 拍死蚊子。

3. 喷……

生命的意义

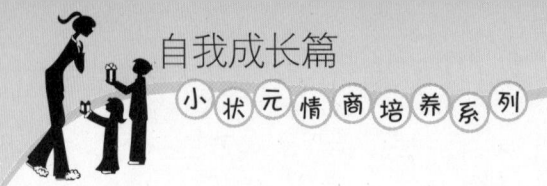
她还话着

　　落地生根妈妈低头看着紧紧抓住自己手臂的小女儿，女儿娇嫩的身躯摇摇欲坠，如风雨中飘零的绿色蝴蝶。可爱的小脸仰着，绿汪汪的大眼睛里流露出的无奈和求助，让她心痛不已。

　　"我要抓不住了"小绿蝶的呻吟一声声传来。

　　妈妈使尽浑身力气，把自己身上的养分通过丝缕的联系输送到小绿蝶的身体里。但是，维系她们之间的联系已经太微弱了。

　　落地生根妈妈在做女儿的时候，曾经自由自在地停落在妈妈手臂上，那时，她很骄傲的，为自己整个家族旺盛的生命力而骄傲，只要有一点点土壤，自己就可以存活、生长，甚至哺育一大群如绿蝶般的宝宝。

　　那时，和今天的小绿蝶不同的是：她非常非常想早些离开妈妈去飞翔，去享受自己独有的家园和独特的成长。

　　有一天，一阵风把她吹落了，柔软的土壤给了她漫天的欣喜。许多细细的根须迫不及待地钻出了身体，争先恐后地扎进了土壤，水的清新甘甜、各种元素的芳香，渗透了她的全身。她终于从母亲的手臂缝隙中钻出了小小的头。

　　又有一天，她被移栽到一个花盆里，带到了一个宽敞明亮的阳台。不久，她也做了妈妈。手臂边缘长出了一排可爱的小宝宝，在妈妈眼里，她们都是那么娇嫩可人，绿蝶般地舒展着羽翼。

　　然而，宝宝的出生带给她的不是无尽的喜悦，却是无边的烦恼——花盆太小了，长大后的宝宝们只有为数不多的会落进花盆，争得一席之地聊以存身。大多数都会落在水泥窗台上，那上面泥土的密度简直和空气中灰尘的密度差不多。可怜的孩子们一旦离开了妈妈，将没有一丁点的土壤可以栖息。她多么想留住所有的宝宝，把她们揽入自己的臂弯，和自己分享这盆土壤中的养料和水分。

可是，谁又能挡得住大自然匆匆行进的脚步！

"妈妈，抓紧我。"小绿蝶又在叫了。

妈妈扯住绿蝶细细的腰肢，做最后的努力。

一阵微不足道的风从窗缝中挤了进来，无情地扯断了母女俩最后的联系。

小绿蝶重重地摔在了水泥窗台上，闷闷的声响回荡在空气中。罪恶的风儿没有听见，笼中的画眉鸟也没有听见，只有妈妈耳朵中在轰鸣，夹杂着已经远去了的呻吟和哭泣。

"孩子，别哭，听妈妈的。"妈妈打起精神，她要教给孩子生存的本领。

小绿蝶止住了哭声，因为哭会损失更多的水分。

"你还有时间，空气中有一些水分；使劲伸出你的根须，能伸多长，就伸多长，去吸收空气中的水份。"妈妈用鼓励的目光抚慰女儿。

这是怎样一个痛苦的历程呀！

正在脱水的身体开始萎缩并变得干涩，根须艰难地钻出头来。

"水！"

"我要水！"根须东张西望，伸长脖子，抓住身边的一个一个水分子，吸进自己干渴的喉咙，又急急忙忙地送给了叶子。

根须还在慢慢增长，虽然很细很细。

一个个绿蝶无可奈何地落下，一场场和空气争夺水的战争不为别人觉察地开始了。对落地生根来说，惨烈异常。妈妈能给她们的只有鼓励，同时，妈妈还悄悄地，也是恶狠狠地诅咒该死的命运。

窗台上，宝宝们无力挥舞着根须，容颜日渐憔悴。

窗外，有一片大大的花圃，黑油油的土壤在阳光下散发着诱人的芳香。隔着窗子，所有的落地生根都能闻得见。

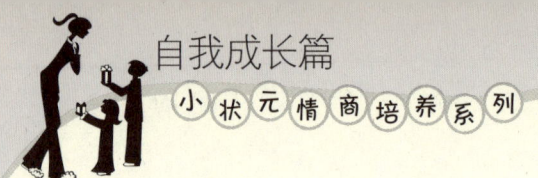

生活在一天中午出现了转机。

一个胖乎乎的女孩子出现在了阳台上，用小手收起了窗台上的绿色宝宝们。

"可怜的绿色蝴蝶们，听说，你们有了土壤，还是可以漂亮起来的。我送你们到花圃里去，好吗？"

落地生根妈妈使劲地点头，又有几个宝宝掉了下来，女孩子又收起来，双手捧着，蹦蹦跳跳地下楼去了。

"妈妈再见！"生离死别的场面一点也不悲伤。

窗台上安静下来了，一个细小微弱的声音赶走了喜悦。

"还有我呢，我掉到墙角了。"

"别丢下我呀！"声音已经哽咽了。原来是小绿蝶，粗心的女孩子把她掉到了墙角。

妈妈已经看见，窗外，花圃里，自己绿色的女儿们已经躺在土壤的怀抱里，露出了心满意足的微笑。

妈妈叹了一口气，"孩子，这就是命运！"

小绿蝶不敢哭下去，哭泣太耗费体力了。"我不想死！"

"那你就继续等，继续生长根须，只有活着，只有生命还在，才能等到有土壤的那一天。"说这话时，妈妈的心中充满了酸楚和绝望。但她不能让宝宝绝望。

那个女孩子常来收集落下的宝宝，送她们到花圃里去。

窗外，那些宝宝们早已经喝饱了水，晒足了阳光，长得饱满青翠。

可怜的小绿蝶，曾经在妈妈手臂上翩翩起舞的小绿蝶，蜷缩在墙角，干涩得毫无光彩。但是，她还活着，模糊的意识里似乎只有"活着"这个概念。

女孩子又来了，穿了一条肥肥的、长长的裤子。一个什么东西好像扫过小绿蝶干枯的面颊，她睁开蒙眬的眼睛，心里却急急地颤动着。是女孩子长长的裤脚。

"机会！"

小绿蝶伸过根须，抓住裤脚上的一点点纤维。一缕微风从耳边掠过，自己的身子动起来了。

欣喜掺杂着忧虑，撞击小绿蝶的心房。

自己的命运要改写了，自己马上就要亲近梦寐以求的土壤了。

可是，微弱的根须抓不住裤脚怎么办？

全身的血液都涌向了根须。女孩子跑跳着下楼了，每一次震动对小绿蝶来说都是一次劫难。

我嗅到土壤的味道了，那么浓郁！

我嗅到阳光的味道了，那么清新！

花圃到了，女孩子蹲下来了，小绿蝶也跳了下来。土壤用松软的怀抱接纳了她，姐妹们惊讶地看着她，然后她们都笑了……

……

也不知过去了多久，仍然蜷缩在墙角的小绿蝶，一丝微笑，飘浮在暗淡的绿色上。谁也不知道她曾做过一个美丽的梦。

她还活着！她在等待！她在坚持！

"成功"是一块糖

小红点：大家都说我是蛐蛐家族的成功人士，好多蛐蛐儿都来向我请教成功的秘诀，自从我钻进这套书里，也开始被人类小朋友们围观。欢迎围观，欢迎围观，今天，我小红点要来一个"成功"大揭秘。

秘密一：成功是一块糖。别以为漂亮糖纸下一定包裹着奋斗的艰辛，无数成功人士告诉我们：成功不像想象的那么难，剥开糖纸看一看，里面的东西可以很香甜哦！

秘密二：成功=目标+兴趣+坚持。对喽，剥开糖纸一看，里面最坚硬的部分叫目标，最香最甜的部分叫兴趣，最软却最坚韧的部分，对，大家猜对了，就是坚持。

小红点：这不是我的理论哈，是一位韩国青年写的毕业论文《成功

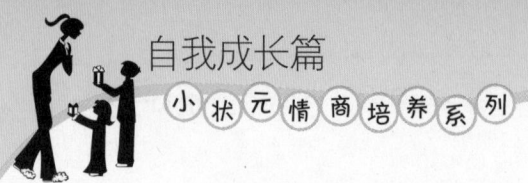

并不像你想象的那么难》里面的观点。是他采访了好多好多成功人士得出来的结论，碰巧和我的感觉一样一样的，分享给大家，帮助大家克服"成功恐惧症"啦。

成功的味道是糖果的味道

来自逆空间的……

引子

逆空间，漂浮着无数个意识团。没有躯体，没有情感……它们能够触摸到的只是彼此的一对触角，淡红、粉红、玫红、鲜红、紫红，深浅不一的红色代表了它们不同的等级。颜色越深，等级越高，那一对紫红色的大触角属于至高无上的逆王。

逆王用紫红色触角拍打着一对玫红色的触角："这次任务，一定要完成，否则……"

野蛮女孩儿

梅华中学，初二（2）班教室。

"啪"一声，手拍在桌子上，是梅画儿！正在为《永乐大典》的散失而痛心疾首的暮寒和铁蛋着实被吓了一跳：这位野蛮女生又怎么了？

暮寒向来对这位"最野蛮女生"敬而远之。梅画儿，别看名字叫得温文尔雅、如诗如画的，实则……掐胳膊、拍桌子，挠痒痒，无一不精；扔书本、摔笔袋、踢凳子、哗啦书包（就是抽出你的书包，口朝下，哗啦一声，所有的内容一泻而下，肇事者哈哈一笑，扔下瘪了肚子的书包，扬长而去），无一不晓。最常用的杀手锏是穷追不舍。别小瞧了梅画儿，

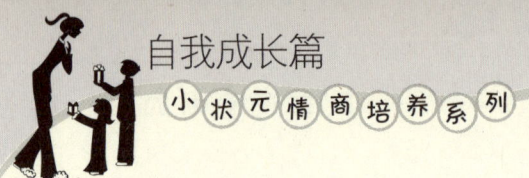

修长的两条腿，天哪！跑起来跟母老虎，不，母豹子一样的，怎一个"快"字了得！

不容两男生细想，梅画儿手里的书已经逼近暮寒的鼻梁骨："说，上课老师提问我的时候，你笑什么呢？"

"老天爷作证，"暮寒伸出双手，恨不得把白胡子白眉毛的老天爷从天宫里揪出来，为自己作证，"我哪有？"

"就笑了，我听见了。"

"冤哪，我比窦娥还冤，冤 N 次方……"暮寒不知是口不择言，还是改不了的贫嘴本色？反正这句话惹恼了梅画儿。

"还不承认，我看你欠扁——"抡起手中的书，对准暮寒的后背拍过去。

暮寒惨叫一声："救命——我哪里是欠扁，分明是欠拍嘛！"抱头鼠窜的时候，还忘不了贫嘴。梅画儿今天不知道哪来的火气，把暮寒追了个上天无路入地无门！

一直追到操场东南角，这里少有人来。阴暗潮湿，地上长了一片青苔，看起来像人工铺设的绿地毯。

暮寒狂奔至此，刹车不住，一脚踩上青苔。青苔竟然动了起来，就像传送带一样。暮寒愣神之际，人已经被传送到了墙角。"哎呀！"要是和墙壁亲密接触，还不得撞个鼻青脸肿？暮寒脚下使劲蹬地，想借助加大的摩擦力，让身体停下来，同时伸出两手扶墙。谁知，脚下越是用力，反而加快了传送带滚动的速度，两手触到墙壁的一刹那，只听见身后梅画儿一声叫："明朝，永乐大典！"与此同时，墙壁触手即软，向两边缩回去。墙壁把暮寒卷进去，马上在他的身后合拢来，填补了由于他的行进而撕开的空隙。

梅画儿看着暮寒隐没在墙壁里，淡淡地一笑，也不迟疑，一步踏上青苔，传送带再次动了起来，如同暮寒一样，梅画儿也随着传送带隐入墙壁。墙壁在她的身后再次合拢，平静地若无其事地面对这个喧嚣的世界。如果此时有人去触摸它，会发现它确实是坚硬的砖石构造。

明代公主和才子

梅画儿醒来的时候，发现倒在一个湖边。一个宫女打扮的小女孩跑过来，她挽起梅画儿："公主，都怪奴婢一时疏忽，让公主摔倒了。"

公主？果真如我所愿，可是，他呢？自己只能带他来到明朝，却不能左右他成为什么人。梅画儿这样想着，已经被小宫女挽扶到树荫下凉亭里坐下。

"你是谁？"梅画儿问。话一出口，就后悔了，这不是暴露身份吗？

小宫女脸色闪过惊讶："公主，奴婢是娟然呀，我的名字还是您给的呢。"

"娟然，娟然如拭，鲜妍明媚，如倩女之靧面而髻鬟之始掠也……这个名字好美！"

"公主，你在说什么呀？娟然听不懂啦！"娟然已是急得脸色发白。

梅画儿心里暗暗发笑：明朝万历年间袁宏道的《满井游记》，永乐年间的小宫女怎么能听懂？

"哟——"梅画儿娇娇地呻吟着道，"娟然，扶我回宫吧，我头有点晕！"

"哎——"娟然脆生生地应着，小心地扶起梅画儿。看来这个丫头是公主贴身又贴心的侍女。

梅画儿软软地靠在娟然的手臂上，心中暗乐：其实，嘿嘿，本姑娘跑得比母豹子还快。被自己追进明朝的暮寒，他要是知道野蛮女生梅画儿摇身一变，成了仪态万方、如诗如画、娇滴滴的小公主？天，还不把眼珠子跌掉才怪！

娟然扶着她稳稳地坐在绣塌上，极力做出高贵典雅的样子。但是，她还是忍不住偷偷用手摸了摸床单（哈，她不知道古代的床单叫什么），哇！好柔好滑耶！

呸呸，什么时候了，还这么无聊，当务之急得找到暮寒。

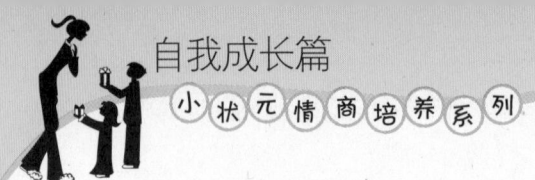
"娟然，我有些不舒服，去请父皇！""是！"娟然答应一声，急匆匆走了出去。不一会儿，门外传来太监的叫声："皇上驾到！"

珠帘一挑，一个身材高大的男人走了进来，这人就是明成祖朱棣，梅画儿知道，自己的逆觉准确无误地把自己送到了明成祖朱棣的皇宫里。因为他的文渊阁里正在编修《永乐大典》。

梅画儿挣扎起来，给父皇施礼："清雪儿拜见父皇！"娇滑的软语连梅画儿都为自己而倾倒。

朱棣威严的面孔上掠过一丝暖意，伸手扶住梅画儿："清雪儿，快躺下，哪里不舒服啦？"

"清雪儿就是想念父皇了呗！父皇好久没来看我啦。"皇帝绝对不是暮寒。那，暮寒去哪儿了？以他对《永乐大典》的迷恋程度，总不会跑得离文渊阁太远吧。

"父皇，《永乐大典》编修得怎么样了？"梅画儿问，这位清雪儿公主，生性恬静，爱读书，经史子集涉猎颇广，对《永乐大典》的编修很关心。

"正好！"朱棣捋着胡须说，"一会解缙要来觐见，让他来这里，清雪儿可以当面问他。"

一会儿功夫，门外传来脚步声。

来的这个解缙就是暮寒，梅画儿服服帖帖藏在发髻中的两根触角，突突乱颤。解缙走进来，对着皇帝和公主跪下去的时候，梅画儿心里暗笑：这家伙，不做明成祖偏偏跑去做这风流才子解缙！糗大了吧？磕头作揖的滋味不好受吧。

"平身，赐坐！"

暮寒规规矩矩地侧身坐下，哪里是坐下呀？提着气，半拉屁股似挨非挨着绣墩，还不够累得慌呢！难为他，懂得这许多礼节，不愧是历史迷。

梅画儿看着诚惶诚恐坐在皇帝面前的暮寒，心里却在想：自己为什么非要把他扯进来？

"清雪儿，"朱棣在叫她，梅画儿回过神来，问了几个问题。然后叫解缙退下，皇帝嘱咐几句也走了。

《永乐大典》

梅画儿借口要休息，支开宫女们，独自一人悄悄地摸出了宫门。顺着暮寒留下的信息，找到文渊阁，找到他，对于梅画儿来说，不是难事；躲开侍卫，避开眼目，悄无声息，行动自如，也是小菜一碟。前面就是文渊阁，一间屋子里透出一点灯光。里面传来叹息声，声音是解缙的，情绪却是暮寒的。哈，也有你这个调皮鬼、贫嘴暮寒发愁的时候！

"咚咚……"梅画儿轻轻地敲门，有些怯怯的，穿一身公主长裙，就得做出公主的样子嘛！"谁？"解缙的嗓音比暮寒的要深沉和富有磁性一些，好好听呀！不过，暮寒贫嘴的时候，说话也很好听！

"是我——"声音娇憨中透着稳重。

解缙慌里慌张打开门："呀，公主——你来这儿干吗？"口气好冲，好粗俗，分明是暮寒的口气。

梅画儿眼波流转，杏眼含笑："解学士，大才子，胆敢对公主无礼！"暮寒忽然醒悟到自己现在是解缙，应该跪下拜见公主，可是……他手足无措起来。

梅画儿仍然柔柔地说："该死的暮寒，见了本公主竟然不拜！"话音突然一转，"你欠拍呀！"活脱脱的野蛮女孩口气。梅画儿原形毕露。没办法，只有这样才能和这个不知情的调皮鬼接上头。

"你——"暮寒听到了熟悉得不能再熟悉的话，难以置信地指着梅画儿，"你，你是梅画儿？"

梅画儿点点头，一侧身挤进门里。门，被她随手关上。

"你个野蛮女生，小女巫，小巫婆……把我追到这里来，做这么个见人就作揖、见人就磕头的什么才子！你倒好，自己做起了公主！刚才，竟然要，要——"暮寒气得说不出话来，"要我给你们那啥……那啥……

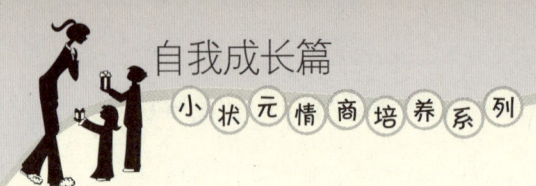
这要是传出去，叫铁蛋他们知道了，我还怎么做人哪！"这家伙时而沮丧，时而伤心，越说越气，眼露凶光。

梅画儿竖起食指，嘟起小嘴巴，嫣然一笑，细言慢语道："嘘——大才子，别闹了，小女子这厢给您赔礼啦！"梅画儿蹲身下去，俏生生的脸庞向上微扬，明眸盈盈然，可怜巴巴地望着暮寒。梅画儿的笑容如春风拂过柳梢，从没见过的温柔委婉，如一道月光，照进暮寒的心里，柔柔地荡漾着。暮寒头脑冷静下来。"唉——"叹口气说，"算我怕你，行了吧！"

"大才子，听小女子细细道来。"

我有穿越时空的特异功能，于是我受雇于国家图书馆。我的任务是回到《永乐大典》散失之前，复制它，带回到国家图书馆。

"这是你的任务，为什么拉我下水？"暮寒问。

梅画儿脸色绯红，低下头，细细的牙齿咬住嘴唇，半天才说："借助你渊博的知识，借助你对历史的喜爱，最重要的是借助你的勇气。"

看着暮寒依然瞪圆的眼睛，梅画儿更加郑重地说："如果我说我怕，我需要有人陪我一路同行，你会信吗？"

"哈，你也会怕吗？天不怕地不怕的野蛮女生？"

梅画儿幽幽的眼神如一泓深潭，她说："我野蛮是因为我——"

"寂寞！"暮寒突然接口，这两个字的出口让他自己也有点莫名其妙。暮寒不得不重新认识这个女孩儿，眉宇间的那一抹娇柔、一抹期待令人心动。

"你也会寂寞？"梅画儿眼睛里亮亮的。

暮寒点点头，"我寂寞的时候就——"忽然话锋一转，貌似不喜欢这种感伤似的，"好吧！算我倒霉，怎么开始任务？"

"对不起，"梅画儿眼中忽然浮出一层雾气，"我以为你会喜欢这样刺激的时空之旅。"

在岁月里逆流而上

暮寒真有点拿不准眼前这一位宫装少女到底是不是自己认识的那个梅画儿？他用手挥了挥，仿佛想拨开眼前的迷雾。"你，真是梅画儿？"

"如果你是暮寒，就不应该怀疑我是梅画儿。"

"怪不得有人说：女人一半是天使，一半是魔鬼。"他低声嘟哝着。梅画儿假装没有听见说："书在哪里？我们开始工作吧！""怎么工作？把书抄一遍带回去吗？"

"你个猪脑——"话险些冲口而出，却被梅画儿咽下了。"我们有新式武器，"她拿出一个 U 盘样的东西，"喏，微型扫描仪，我们只有 3 个晚上。"

于是，他们开工了。梅画儿负责举着仪器扫描，暮寒负责翻书。回想几个小时的经历，简直可以称得上是天翻地覆。被梅画儿穷追不舍的景象仍然清晰地残留在视网膜上，时空切换到明成祖的皇宫里，眼前这个眉目如画、云鬓高耸的自称梅画儿的公主，眼波里流转着温柔和沉静。

精通野蛮 36 技的梅画儿？

执行特殊任务、温柔沉静的梅画儿？

到底哪个是真？哪个是假？或者本就是一枚硬币的正反两面？

梅画儿举着扫描仪，看着暮寒专注的神情。身穿便装的解缙，一袭灰色长衫，剑眉朗目，只是眼神里时不时闪过属于暮寒的活泼和灵动。

呀！梅画儿意识到这样盯着暮寒看，有些花痴，要是被丁咪咪看到，要被她笑死！梅画儿收回目光，忽然感觉眼睛里又是潮潮的。这已经是第二次想流泪的感觉了。梅画儿多么留恋自己寄住的这具躯体，可以生出复杂微妙情愫的，并能将其化成欢笑或是泪水流淌出来的躯体。能把意识安住在躯体里，是一件多么幸福的事儿呀！

工作累了，暮寒就讲笑话给梅画儿听；暮寒讲累了，梅画儿就哼起吴越小曲，甜甜的，软软的，在明朝的夜晚里缭绕。

深远的历史长河一刻不停地前进，其间，有两个少年逆流而上！

2万多卷书，如果没有高科技，短期内的复制绝无可能。终于，《永乐大典》全部扫描完毕。

该回去了！高大的宫殿斗拱飞檐的剪影，在黑夜里静默着。暮寒抖抖衣衫，这是明朝的衣衫，上面沾染的是明朝的灰尘。他侧过头看站在身边的梅画儿，后者脸上有两道亮亮的液体流下来。

"你哭了？"一身白色宫装、梨花带雨般的梅画儿，美得像一个梦。

"我喜欢这个公主，这身白色衣裙，甚至这双绣花鞋……"暮寒哪里知道，梅画儿真正留恋的是什么。说着想起梅画儿轻移莲步的袅袅娜娜、拿腔作势，两个人不由得破涕为笑，打破了即将离去的伤感。

"回吧！"梅画儿一声低语，把两只手搭在暮寒的双肩上，剪水双眸一直看到暮寒的意识深处，"公元2010年，梅华中学。"

两团空气，如旋风一样上升，一对玫红色的触角在空气团中频频抖动，仿佛掌握航向一般，穿透夜空而去……

永远留下来

暮寒睁开了眼睛，明亮炽热的阳光灌满了双眸。身边却没有梅画儿。

生活依旧如常，暮寒仍然是暮寒，调皮贫嘴。梅画儿仍然是那个梅画儿，野蛮任性。暮寒甚至都不敢问梅画儿扫描仪上交图书馆了吗？因为，他怕一张口，所有的一切都只是"白日做梦！"

所以，当梅画儿要他一起去图书馆的时候，暮寒惊喜地屏住了呼吸："这么说，一切都是真的，不是白日做梦？"

梅画儿只是让他看手里的扫描仪，眼底幽幽，似有无限话语，却无语。

他们径直去见图书馆馆长，梅画儿把扫描仪插进电脑，一张张书卷在屏幕上翻过。她对馆长的解释是：野外郊游的时候捡到了这个U盘，发现是《永乐大典》，所以上交国家图书馆。

梅画儿做这一番说辞时，装作没看见暮寒诧异得要瞪出来的眼珠子。

"你怎么回事？不是受雇于国家图书馆吗？"告别了激动异常的馆长出来，暮寒迫不及待地问。

梅画儿凄然一笑，暮寒为什么会想到凄然这个词？

"其实，我很幸福！"梅画儿答非所问，"能想得到吗？我只是一团意识，没有躯体，没有眼泪，没有欢笑，没有恐惧……"

梅画儿散开马尾辫，头顶上抖出一对玫红色的触角，这是逆空间每一个意识团都具有的标志。梅画儿确实是来执行任务的，只不过她为之服务的不是国家图书馆，而是逆空间的王。

逆王想要攫取人类的文化，首当其冲是包罗万象的早已散失的《永乐大典》。梅画儿就这样被派到人空间，途中遭到一股狂风干扰了她的逆觉，误打误撞来到了梅华中学。

"可是，你把书给了图书馆？"

"逆王会把它据为己有，而国家图书馆却会把它发布到网络上，所有空间的各种形态的意识都可以共享。"

"逆王会放过你吗？"

梅画儿摇摇头："不会放过的，我想留在这里，"梅画儿轻描淡写，"我不回逆空间去了。"

"哦。"不知为什么，应该高兴的暮寒却高兴不起来。

"我只有消失才能逃脱逆王的控制，否则，他总会找到我的。你能帮我吗？"

"你，是要我把你的触角拔掉吗？"暮寒也不知道这个念头从何而来，拔掉了触角，梅画儿就会消失，那么逆王就永远无法捉她回去了。既然不能拥有一个有血有肉的躯体，只有选择消失，才能永远留下来。"但是我不能！"

"你能够，与其忘记曾经寄住在人类躯体里的美妙感觉，做个没有情感的意识团，倒不如带着美好的回忆消失，帮我——"梅画儿的身体渐渐消散在空中，只有两只触角急急地颤。"帮我——如果被捉回逆空

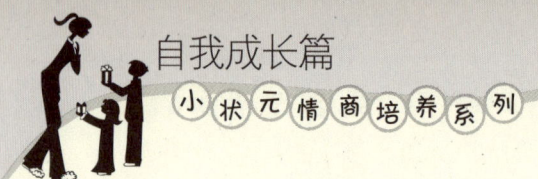

间，我会把这一切忘得干干净净，而你，也同样会想不起来曾经有过梅画儿这个人……帮我——让我们活着彼此的记忆里……50年后，逆王对我的控制会消失，我封存在触角中的记忆才可以复苏，也许那时，我会有机会得到一个躯体，重新作为一个人的样子，也许是个女孩儿，也许是个老妇，出现在你的面前，只要你还记得我……"

暮寒手伸过去，握住两只触角，手有些抖，这是自己能触摸到的真实的梅画儿，暖暖的，有一些温度，然而这温度来源于她寄住的这具血肉之躯，离开了它，触角会是冰冷冰冷的，什么感觉都没有。留住她！留住曾经美妙的感觉！

触角自己扭动起来，暮寒手上微微用力，一阵痛苦的痉挛过后，触角"咔嚓"折断，两团黑色的粉末扑散出来。是逆空间那个曾叫过梅画儿的意识团的血吗？

暮寒泪流满面，泪光中两只触角慢慢褪去了红色，最后变成了黑色。"我终于永远地留在了这里。"黑色触角弯过来，围上暮寒的脖子。

一缕叹息渗入草地，消失得无影无踪。

梅画儿消失了。

梅画儿永远留在了人空间。

戴黑色项圈儿的暮寒成长着，身边来去着或野蛮或可爱的女孩儿，她们身上都有着梅画儿的影子。

他期待五十年后，再次的相逢。

名词剪贴板

心理

小红点：有人说，心理学家是不是能看懂人心里想什么呀？我小红点壮着胆子，拜访了几位心理学家，也查了好多资料，发现，不是那么回事哈。大家对"心理"这个词儿有误解啦。

心理：是人脑对客观现实的反映，心理现象包括心理过程和人格两大类。

心理过程：人们在活动的时候，通过各种感官认识外部世界的事物，通过头脑的活动思考着事物的因果关系，并伴随着喜、怒、哀、乐等情感体验等，这个过程就叫作心理过程。

烫！疼！

红色的会跳动的热热的这个东西，会弄疼手指头，以后见到这个东西要躲。

通过触觉认识了火会烫疼手指。

头脑在思考事物之间的因果关系。

孩子在认识、分析事物的过程中，体验到被烫疼带来的痛苦情绪。

人格：也叫个性，是指一个人和别人不同的、在不同环境中一贯表现出来的、相对稳定的影响人的外显和行为模式的心理特征的总和，包括：需要、动机、能力、气质、性格等。人格是通过心理过程表现出来的。

心理从哪来？

——小红点采访记录

暮寒长大后做了心理学家，小红点在壮着胆子采访心理学家的时候，

遇到了他。小红点异常激动中——

小红点：你，你就是曾经穿越到明朝的遇到过来自逆空间的野蛮女孩的那个带黑色项圈的男生——（呼——小红点长出一口气，差点憋死。）

暮寒：对，就是我，认识你这位一直走在路上歌唱的小蚰蚰儿，我也很高兴。

小红点：还在等梅画儿吗？她会回来吗？

暮寒：我相信会的。

小红点：我认识一些小朋友们，都说做人好没意思啦。为什么梅画儿这么想做一个活生生的人？

暮寒：因为人可以通过身体发展出丰富的心理过程，体验到多姿多彩的情绪体验，成为独特的一道风景。

小红点：又说到"心理"这个词儿啦，你说心理从哪来的？是一生下来就有的吗？

暮寒：根据社会心理学家皮亚杰的研究，心理起源于动作，动作是心理发展的源泉。小 baby 通过啃手指头，发现手能动，手碰到火苗被烫疼了，会产生痛苦的……

小红点：我知道了，我知道了，前面我让大家看的漫画，就是这个意思啦。看来，身体真是好重要的，大家都要爱护身体、锻炼身体，做一个生理、心理都健康的人啦。

蛐蛐儿在路上

（一）奇怪的蛐蛐儿之歌

快来听，这儿有只蛐蛐儿在唱歌。

"我是一只来自北方的蛐蛐儿，

住在桃树底下，

粉色的花瓣儿，

飘飘洒洒，

好像一条花毯，

家乡虽美不留恋，

因为我想去远方，

去看森林和海洋。"

狗尾巴草、阔叶草摇摆了小小的腰肢，和着乐曲跳着舞。蚂蚁、甲虫、金龟子、蚱蜢，都挺纳闷：蛐蛐儿的歌儿都是"唧唧唧唧"一个调儿，真没听过这么奇怪的歌儿，它背上还长着红色斑点，竟然要去远方？去干什么？怎么去？

一只奇怪的蛐蛐儿。

大家听得入了迷，谁都没有注意到：一个毛茸茸的脑袋从月季花里探出来，看着蛐蛐儿，无声地笑着。这是谁呢？

月亮钻入了云彩，梦笼罩了整个草地，静悄悄的。

每一个晴朗的夜晚，都会有这样的演唱，留给沿途的朋友津津乐道！

（二）都是燕子惹的祸

自从小红点儿走后，桃树就反反复复地说："都是燕子惹得祸！"

风和日丽的黄昏，燕子夫妻就会来这里，听晚风，看夕阳，蹦蹦跳跳地嬉戏。

昨天，一片黄叶在它们眼前飘落了。

燕子们停住了蹦跳。

"秋天要到了，不久就该飞去南方了。"

"还记得路上的大森林吗？"

"一眼望不到边的森林，郁郁苍苍，好多动物在那里栖息。"

"还有咱们过冬的那棵树。"

"那儿离碧波浩淼的大海很近，空气湿润，天空都蓝得透明。"

所有的一切都在静静地听它们谈论自己从未见过的美景。

只有蛐蛐儿说话了。

"燕子哥哥，南方很美吗？"

"那还用说，燕子们都知道。"燕子哥哥翘起自己优美的小尾巴。

"我去南方看看！"

"哈哈哈哈哈"

燕子笑了，尖尖的小嘴巴怎么也合不拢了。

小草笑了，柔软的小腰肢弯得都直不起来了。

蚂蚁笑了，细细的触须像喝醉了似地颤动着。

桃树也笑了，绿油油的树枝在风中前仰后合，发出哗哗的笑声。

蛐蛐儿瞪着圆圆的小眼睛，莫名其妙的，"你们笑什么呀！"

"就你，那么小，还要去南方？远得很呢！"燕子姐姐第一个忍住了笑。

蚂蚁说："你会累死的。"

燕子哥哥也咽下了肚皮里的笑声，一本正经地劝它："你不知道，路上可危险呢！"

"你们怎么不怕危险？"

"我们？"燕子姐姐惊恐地睁大眼睛，"我们怕呀！去年遇到了一场暴风雨，狂风吹得我们晕头转向，雨水浇湿了我们的翅膀，我们只好躲在一堆枯叶下面瑟瑟发抖，都认定自己到不了南方了呢。"

燕子姐姐抽泣着说不下去了。

燕子哥哥跳下来，站到了蛐蛐儿的面前，"我们没有办法呀！这儿冬天太冷，我们会冻死的，只有飞去南方才是一条活路。好多同伴都在路上丧了命！我就见过有一个受伤的同伴，被一条蛇咬死了。"

桃树弯下腰说："你跟它们不一样，你有温暖、干燥的家，每天晒晒太阳，唱唱歌，多么舒服！好了，好了，孩子，演出该开始了。"

蛐蛐儿没有再说什么。

和往常一样，演唱会非常热闹，只有桃树听出它的歌声里有了心事。

整整一夜，桃树忧心忡忡。

令人担心的事还是在第二天早上发生了。

这只背上长着红色斑点的蛐蛐儿，决定走了。

它站在自己的舞台上，发表平生第一次演说。

"我也许去南方，也许只是去很远的地方，"它宣布这些的时候，小小的头部很是庄严。

"也许，我会死在路上，但我就是想去看看森林，看看海洋，看看还有什么美丽的地方。"它摆动了一下触须，像个要出征的将军一样。

"我还会回来的，等着我，我会把一路的经历唱给你们听。"一使劲，蹦出去了一米远，一跳，两跳，转眼间，消失了。

黄昏，燕子来了，桃树埋怨："都是你们惹的祸。"

燕子呆呆地停在蛐蛐儿空空的舞台上。

心理学家画廊

导游：小红点儿

游客：读者甲，读者乙，读者丙、丁等等。

小红点儿：欢迎大家来到心理学家画廊，我是您的帅呆了酷毙了的帅哥导游小红点儿。请大家跟我来，这位，大家看到的画像，他被叫作119104。

读者甲：帅哥导游，不对吧？心理学家还有叫数字的？

小红点儿：嘿嘿，问得好！当然没有叫数字的啦，这是他的代号，我要考一考游客小朋友们，你们谁能猜出这个代号是怎么来的？

读者乙：是学号？大概是学校里整个年级一块排下来——

读者丙：切！怎么会？多大的学校里一个年级会有十万多人？不对，不对！

读者丁：那就有可能是当时的身份证号。

更多的读者小朋友，你们说呢？

亲，小红点儿，你就不要卖关子了好不好？

小红点儿：好啦，好啦，不要闹啦。我说还不行嘛。这个号码是他在纳粹集中营里的代号。

读者甲：啊？他在集中营里待过？听说那里可不是人呆的地方呀。

小红点儿：是呀，二战时期，他被抓到集中营里做了囚犯。

读者乙：我说小帅哥，你跑题够远的啦。咱不是来参观心理学家画廊的嘛，你整个囚犯出来，有意思呀？

小红点儿：嗨，你别不信。这个代号就是一位鼎鼎有名的心理学家，名字叫作弗兰克尔，是维也纳的一位心理学教授呢。他的遭遇用一个字来形容是"惨"。两个字形容是"很惨"，三个字呢，那就是"相当惨"啦。在集中营里面，父母、妻子、孩子都被迫害死了……

读者乙：那他呢，是不是也死啦？我看过书，集中营里可受罪啦。

小红点儿：当然没有，如果死了，还有后来的大名鼎鼎吗？第二个问题又来了，大家猜猜是什么救了他？

读者甲：是不是有人来救他啦？

读者乙：要不就是有看守良心发现，把他偷偷给放了？

读者丙：说不定是犯人们自己挖了条地道，集体越狱了呢。

小红点儿：对不起，猜错了。是一句话救了他。有一天，这句话就像一只小老鼠一样，不打招呼，更没敲门就闯到他脑子里来了："人所拥有的任何东西，都可以被剥夺，惟独人性最后的自由——也就是在任何境遇中选择生活态度和生活方式的自由——不能被剥夺。"

读者丁：就靠这，他就活下来啦？

小红点儿：对！他认定这就是他要追求的生命的意义，就是要苦中作乐，活下去。出狱后，他根据自己在集中营里的遭遇和想法，发明了"意义疗法"。

读者丙：意义疗法？什么东西？

小红点儿：这个吗？耐心等，下一站再讲。咱先说这个弗兰克尔简直是一个奇迹，一辈子对生命充满了极大的热情，67 岁开始学习开飞机，几个月后还真领到了驾照。这老先生很棒吧？别急，还有呢，他 80 岁还登上了阿尔卑斯山呢。不管你们佩不佩服，反正我是服了！

（三）带狗尾巴草上路

太阳还没有升起来，晨雾慢慢消散着，缥缈在草地的上空。

最先醒来的是阔叶草，露珠凝结在草叶儿上，晶莹的一滴，反射着五彩的光芒。它滴溜溜地打着转，不断增大自己的身体。阔叶草被它弄得痒痒的，不禁睁开了眼睛，"格格格"地笑出了声。

小蚱蜢跳到草叶上，对着露珠，歪着头，照照自己可爱的影子。

狗尾巴草也醒了，深深地吸了一口气，"多么清新的空气！"

蛐蛐儿醒了，伸了个懒腰，昨晚有些僵硬的腿又充满了活力。来，试试！腿一蹬，身子一窜，跳上一株高高的月季花。

"嗨，小家伙！"一个声音从月季花花心里传来。

"谁？是在叫我吗？"蛐蛐儿东张西望，找这个似乎很熟悉的声音。

昨晚那个毛茸茸的小脑袋从花心里钻出来，"小红点儿，是我！"接着又钻出有美丽条纹的身体，沾满香喷喷的花粉，还有透明的翅膀。

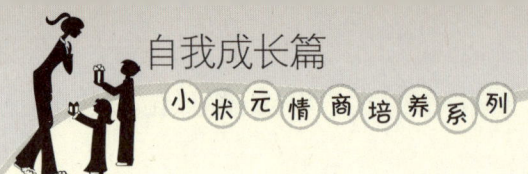

"是你呀！玛丽！"玛丽是和蛐蛐儿一起长大的好朋友——一只小蜜蜂。

蛐蛐儿高兴坏了，"小红点儿"，多么熟悉的名字，这是老朋友们对自己的爱称！小蜜蜂去寻找蜜源，根本就不知道自己离开了家。这两天，一想到小玛丽，蛐蛐儿心里就酸酸的。今天相逢，怎能不高兴呢！

它跳过去，用自己的触须碰碰小蜜蜂，眼泪在眼眶里打转："你，你，你怎么在这儿？"

小蜜蜂笑嘻嘻：

"我呀！

寻找蜜源要回去，

路上遇见了你，

昨晚就想打招呼，

思前想后又忍住，

就是想给你一个惊喜！"

"呵呵，你还是这么有趣！得空就作诗。"

蜜蜂瞪着小圆眼睛，问："你真去远方呀！你这么点，能走多远？还是跟我回去吧！"

"不，决不！"蛐蛐儿使劲地摇着头，"我白天跳，晚上休息。只要坚持下去，一定能看见森林，看见大海！"

小蜜蜂张开了透明的翅膀，嗡嗡嗡地绕着蛐蛐儿飞了起来，这是它常用的思维方式，最后，停在了蛐蛐儿面前说："你说的有道理，我支持你！"蛐蛐儿笑了，好朋友的支持就是它前进的动力。

"谢谢你，玛丽。"

"不过，"玛丽脸上的表情严肃起来，"你能找到回家的路吗？"

蛐蛐儿愣住了，从没出过远门的它，怎么会认路呢？

蛐蛐儿只好向新朋友们求助。

所有的朋友使劲地点头，可是抬起头后，仍然没有办法。

不能认路，蛐蛐儿就回不来了。玛丽又嗡嗡嗡地飞了起来。

狗尾巴草开口了，犹犹豫豫的，"我，我说个主意，行不？"

"是不是可以让蛐蛐儿带一些种子走，沿路撒下，到明年春天，种子发芽，长出小草，沿着这条草路，蛐蛐儿不就回来了吗？"

"这行，只是蛐蛐儿那么小，带什么种子呢，虽然我在哪都能发芽，而且到处都有，可我的种子太大！"说话的是牵牛花。

狗尾巴草有点不好意思了，"大家看我的种子怎么样？"说着摇摇自己毛茸茸的头，那上面密密麻麻的都是小小的种子，这一摇，有些成熟了的纷纷落下来。

"天南海北都有狗尾巴草，我们的生命力很顽强。"狗尾巴草很为自己的家族骄傲。

"好！好呀！"大家都鼓起了掌。

"明年春天，最晚夏天，我一定回家，把好听的故事讲给你们听。"蛐蛐儿有好多好多的话，要让玛丽捎回家。

玛丽围着草地转了几圈，冲着大家挥了挥手，远去了。

蛐蛐儿的脖子都仰得酸疼了，一直到看不见玛丽了，它才收回了目光。

怎么带着狗尾巴草呢？它有办法！蛐蛐儿咬断了一棵狗尾巴草，尖尖的前腿扎进草茎里，像小狗尾巴一样的穗子就捆在腿上了，穗子比它的身体还大，幸好，不算太重，蛐蛐儿还跳得动。

"再见了，朋友们！"蛐蛐儿摆了摆触须，嗖的一声，跳出去好远，又一跳，细碎的种子随着它的跳动洒落在身后。

"我们会等着你的。"朋友们踮起脚，可是已看不见蛐蛐儿了。

（四）暴风雨中的丹桂树

清新明快的早晨，它不停地跳着。

细雨霏霏的午后，它不停地跳着。

洒落身后的种子，立刻就被它腾起的淡淡烟尘湮没，停顿在一个等待的状态里。等待春风，等待细雨，等待重生后约定好的重逢。

又一个早晨，蛐蛐儿一醒来，就感觉有些压抑。它抬头，望了望天色，灰灰的，沉沉的，不禁摇摇头，叹了口气："暴风雨，暴风雨就要来了。"

以前，它有一个温暖干燥的窝，钻进去万事大吉，躺在暖暖的舒适的床上，听外面风的怒吼、雨的狂笑、树的呻吟、草的呜咽，是一件很值得庆幸的事儿。现在呢？它犹豫了一下，还是决定赶路！说跳就跳，蛐蛐儿的两条后腿现在又粗壮又有力。

呼吸有些困难了，不知名的一群鸟儿，飞得很低，看样子是回家去了。路上到处可见乱糟糟的蚂蚁队伍，急急忙忙地把家搬到高坡上去，它们嘴里都叼着食物，连蛐蛐儿的招呼都没法回答。

地上的尘土飞扬起来了，一些枯枝败叶打着旋儿飞向空中，风来了。蛐蛐儿的身体左摇右晃，不行！掌握不住方向了。"得找一个避风雨的地方！"它使劲跳上一棵芭蕉，伸长脖子往远处张望，有一棵大树。好，就是它了。

灰尘弥漫了天空，树干摇摇晃晃，枝叶哗啦啦作响。蛐蛐儿贴着地皮，眯着眼睛，一下，两下……终于来到那棵树下，它长长地出了一口气，吐了吐嘴里的尘土。这颗树的确很大，树干很粗，根系肯定发达，蛐蛐儿看准了两个根须的缝隙钻进去，"啊！暂时安全了！"它探着小脑袋，看着豆大的雨点噼里啪啦地砸了下来，"啪"一个雨点落在它的头上，"天啊！"它大叫一声，缩回了头。

"照常识讲，暴风雨来得猛，走得也快。"它安慰着自己。

"你说得不对！"一个细小的声音传来。

"你是谁？"

"我是毛毛虫。"蛐蛐儿在头顶的树干上，看见了一个从树洞里探出来的脑袋，两只小眼睛贼亮贼亮的，叽里咕噜地转着，看着自己。

蛐蛐儿有点恶心，不过礼貌还是有的："你好！"

"我不会伤害你的。我只是想提醒你，暴风雨不会很快停息，你要做好准备。你身下的土会被冲走，你要抓紧点，别把你也冲走了。"

"谢谢你。"蛐蛐儿感激地看着毛毛虫，身子缩得更紧了，用腿牢牢地抱住了一些细小但是很柔韧的根须。

风依旧狠狠地刮着，仿佛要把它能够抓住的东西都捻碎、搓烂。

雨依旧哗哗地下着，仿佛要把它所到之处都冲刷干净、彻底。

大树呻吟着，树枝、树干无奈地随着风摇摆，以屈服来换取暂时的平安，谁也不知道下一秒会发生什么，谁也无法掌握自己的命运。树叶儿，那些黄色的、有虫眼的，不等落在地上，就被狂风卷起，不知卷向了何方。

蛐蛐儿脚下早已悬了空，赖以栖身的泥土被雨水无情地带走了，但是根须们不敢有丝毫的放松，虽然细小，还是紧紧地、紧紧地抓住大地，它们齐心协力维系着大树的希望。

只有这样，才能看见风雨后美丽的彩虹。

蛐蛐儿用早已疲累的四条腿，紧紧地抓住根须，这是自己唯一的希望，稍有放松，就会随泥土、树叶一起被雨水带走，淹没在滚滚的泥流中。

让毛毛虫说对了，暴风雨不知道持续了几天，蛐蛐儿浑身凉透了，腿都麻木了，意识也飘忽不定。当它实在支持不住而掉到地上的时候，潜意识告诉它：自己没有被雨水冲走。它慢慢睁开了眼睛，眼前的一切清晰了、静止了，死一般的静。只有残存在叶子上的雨水偶尔滴落的声音。

"那么雨是过去了？"蛐蛐儿问自己。

"是的！"有两个声音回答它，一个是毛毛虫，一个是奄奄一息的大树。

"那么我，还活着？"蛐蛐儿有点怀疑。

"活着！"两个声音回答。

蛐蛐儿非常想跳一下，以示庆贺，可是实在跳不动。只好慢慢爬出来，暴风雨走过的痕迹清晰可见。

有一片叶子飘落了，蛐蛐儿顾不得许多，吃了起来。一种自己从未尝过的味道，香甜香甜的。

"这是什么树叶？我从来没有见过。"它一边吃一边问。

"这是丹桂树，开的花可香了。"毛毛虫在这场灾难中得到大树的庇护，受的伤害最小，它抢着回答。

这场浩劫，消耗了蛐蛐儿太多的体力，它只得在丹桂树下停了下来，打算休养几日再走。

太阳露出了笑脸，丹桂树慢慢地恢复了精神，又长出了新的花苞，今天丹桂开花了，清香四溢！

这香气肯定有特殊的疗效，蛐蛐儿的体力慢慢恢复了，傍晚来临了，蛐蛐儿的歌声又响起来了。

"谢谢你，美丽的丹桂树！

是你给了我战胜暴风雨的力量。

谢谢你，芳香的丹桂花！

是你给了我恢复体力的力量。

我能做的，我想做的，

就是把我赞美的歌声献给你，

我永远依恋的丹桂树。"

劫后余生的动物们热情地鼓掌，丹桂树自豪地把身子站得更直，香味喷洒得更加浓郁。

一个傍晚，又一个傍晚。

一个早晨，又一个早晨。

蛐蛐儿爱上了丹桂叶的味道，迷上了丹桂花的清香，更是恋上了粗壮的丹桂树。白天，它跳上树枝嬉戏，和透过树叶射下来的阳光捉迷藏，丹桂树温和的目光抚慰着它；晚上，它在丹桂树下唱歌，丹桂树哗哗地鼓掌。

蛐蛐儿沉浸在幸福中，它忘掉了远方的森林和海洋，它认为丹桂树下就是自己梦中的天堂。

"去远方，离开美丽的丹桂树，我连想都不要去想……"

花香医院

小红点儿：欢迎大家来到独特的花香医院，花香可以缓解情绪，貌似还可以治病哈，不管你们信不信，反正我是信了。啦啦啦，我的心情，老好啦。

花医生自我介绍：

桂花：别看我的花朵小，香气浓郁消疲劳。

丁香花：丁香丁香真可爱，杀菌止痛防传染，放松心情少不了。

菊花：戴眼镜的小朋友请到这里来，我的香味，你们的眼睛最喜欢。

水仙：我是宁静、温馨的形象代言人，希望大家支持我。

玫瑰花：想心情愉快吗？想心情舒畅吗？请投入我美丽芬芳的怀抱吧！

总而言之，言而总之，大自然是最好的心理治疗师，哦——让花香按摩我好累好累的心灵吧！

（五）和燕子的重逢

蛐蛐儿打算在丹桂树下建造住宅了，它的工具也和乐器一样，随身携带，就是它的腿。选定了一块较高的地方，在一蓬三叶草的掩护下，它打开了洞口，开始用前腿挖土，后腿往身后刨。

一对燕子飞来了，一看就是刚刚经过暴风雨的磨难，羽翅上的水迹刚刚被太阳晒干，眼睛里还有掩饰不住的疲倦。即使是这样，它们还是飞来了，因为冬天就追在它们身后呢。起飞不久，就落在丹桂树上面休息，彼此梳理着还有些凌乱的羽毛，安慰着，鼓励着。

蛐蛐儿停下手里的活，支棱起了耳朵，"好熟悉的声音。"一路上见过不少对燕子南去了，可是一直没见到家乡的那对燕子。眼前的它们，是吗？它怯怯地问："你们还认识我吗？"

　　燕子敛下将要起飞的翅膀，东张西望，目光落到它背上的红色斑点上，"哎哟，是你呀，小红点儿。"燕子夫妇站在蛐蛐儿的面前，两只小脚跳个不停。蛐蛐儿的两个触须也急促地颤动着。

　　"你还活着？刚刚过去的暴风雨，我们差一点没命了，我们还怕你被暴雨冲走了呢，看见你真高兴！玛丽很想你，桃树还等着你回去讲故事呢。"燕子姐姐兴致勃勃地说个不停。

　　燕子哥哥发现了蛐蛐儿的情绪有些不对劲，它用翅膀碰了碰妻子，于是燕子姐姐也注意到了，"小红点儿，你怎么了？"

　　"我，我，我怕，暴风雨那么大，要是没有这棵丹桂树，我早死了。我不想去远方了，我想在这里安家。"它低下了头。

　　蛐蛐儿一直没有把自己的来历告诉丹桂树和毛毛虫这些新伙伴们，它怕它们嘲笑自己是胆小鬼。这下好啦，大家都知道了，自己是个逃兵！

　　燕子哥哥笑了："别怕！我们也曾想过好多次打退堂鼓呢，就在暴风雨看不到停歇的那些日子，我甚至想让我死去吧，这样就省去了痛苦的煎熬。可是，你看，太阳又出来了，我们又都恢复了活力，又可以跳、可以飞了。"

　　燕子姐姐也说："是呀，前面路上可能还会有危险，但只要有生命、有希望，就会有未来，何况，森林就在眼前了，你难道真的不想去看看了吗？"

　　"家乡的伙伴可都在等着你呢，有了这份等待，整个冬天都不觉得漫长了呢。不要辜负了大家的期待！"

　　蛐蛐儿还是低着头。

　　一直静静听着的丹桂树开口了，"小红点儿，你的名字真好听，我舍不得你走，可是你得走，不为别人，只为你自己，在这里待下去总有一天你会后悔的。你的心愿是看森林、看大海，然后把一路的经历唱给朋友们听，这是你生命的全部意义，没有了这些，你还会快乐吗？我支持你，继续走下去。"

"我也支持你，等你明年回来的时候，我就变成蝴蝶了，我为你跳一支最美丽的舞。"毛毛虫也热情地说。

一股新鲜的血液流满了全身，蛐蛐儿再次充满了活力。

"我走，不见大海决不回头。"

没有什么告别的仪式，也没有什么留恋的话语，还是只那么一跳，蛐蛐儿就离开了大家的视线。

它在伙伴们看不到的地方，掉了几滴泪，然后扎起一只狗尾巴草，朝前跳去。

（六）美妙的森林，山鸡的嘴巴

多少天过去了，它不知道。在运动中，蛐蛐儿的动作又象以前那样矫捷了，右前腿扎住的那棵狗尾巴草，扑簌簌地将种子洒落在脚下的泥土，一想到明年开春这些细碎的小东西就会长出毛茸茸的狗尾巴草来，小蛐蛐儿心中就充盈着鼓鼓的喜悦，一种播撒希望的喜悦、追逐希望的喜悦。

脚下的路越来越湿润，草丛越来越茂密，泥土肥沃的气息围绕在小蛐蛐儿周围，脚底下小小的虫儿们越来越多，一个个忙忙碌碌、挤挤嚷嚷，在土里爬进爬出，快乐地哼哼唧唧着。

身旁的树越来越多，而且越来越高大，它们都笔直笔直地站着，和桃树的矮壮、丹桂的缤纷不一样。头顶上多了一些浓密的叶子，绿油油的，都精神百倍地舒展着身子。阳光透过枝叶的缝隙射下来，草地上一片闪闪烁烁的光影。

一些树根旁，腐朽的枝干上，都长出了小伞一样的蘑菇，这在家乡可是个希罕物儿。白色的小蘑菇像星星一样散落在绿色的草地上。

"我不吃蘑菇，这是兔子的最爱。"

遍地的野花让蛐蛐儿沉醉。飞舞的大大小小的蝴蝶让蛐蛐儿眼花缭乱！

森林里的交响乐更让蛐蛐儿惊叹不已！风来了，吹过大片大片的树林，成群的枝叶一起奏响了乐曲，夹杂着老虎沉闷的吼声、猴子尖利的吱吱声，最动听的是鸟儿们的叫声，夜莺的婉转、山雀的高亢、百灵的机灵、杜鹃的俏皮，甚至还有一群野蜂嗡嗡地飞过，这些汇合在森林这个巨大的舞台上，气势磅礴！

一只老虎威严的走过，蛐蛐儿屏住呼吸，静静地仰视森林之王，"天哪，这一只大脚踏下来，我可就完了！"随即它就发现自己根本用不着害怕，老虎的眼里哪里会有它，一个小得不能再小的蛐蛐儿。蛐蛐儿灵活地向前跳去了，离开了正在散步的老虎。

忽然，莫名其妙地，小蛐蛐儿感觉到了一种说不出来的恐惧，它选择了隐藏，直觉告诉它在危险到来的时候，逃是逃不掉的。

它藏在了一丛茂密的草中，这是一个天然的隐蔽地。透过草的缝隙，它警惕地看着远处，一股熟悉又陌生的气味在空气中越来越浓了，是什么？它暗暗分辨。是鸡！不过，是一只野山鸡，长长的尾巴骄傲地高举着，粗壮的腿，跑起来肯定挺快，最吓人的是它尖利的嘴巴。蛐蛐儿已经能看到，山鸡的嘴巴在眼睛的指引下左右寻找着，左啄一下、右啄一下，稍微露出一点头的小虫子就都成了它的口中食。嘴巴下边袋子似的嗉子颤动着。

蛐蛐儿几乎要瘫软在草丛中了，曾见过好多蛐蛐儿、蚂蚱，等等熟悉的虫儿，被这样的嘴巴啄进去，消失在那个可恶的袋子里。自己的天敌，想不到，在美妙的森林里，竟然遇见了它。别无选择，只有躲避，在两只大眼睛下，在锥子一样的嘴巴下、粗壮的腿爪下，逃跑是不可能的。"不能动！""屏住呼吸！"蛐蛐儿不住地告诫自己。

一只脚重重地踏在了蛐蛐儿的眼前，鸡爪上的层层褶皱都看得非常清楚，硬硬的锋利的爪尖深深地插进了泥土，蛐蛐儿的心好像要跳出来了似的，快坚持不住了，"不能动！""不能怕！""不能叫出来！"它在心里一句一句地鼓励自己。

那个尖尖的嘴巴闪电般地啄在蛐蛐儿的左边了，呼出的热气笼罩在

蛐蛐儿的身上，好像有一股怕人的力量要把自己吸进那张嘴里去，都要叫出声来了，"不能动！""不能怕！""不能叫出来！"它还是一句一句地鼓励着自己。

山鸡的脚迈过去了，带起一阵微风卷过蛐蛐儿的头顶，"笃，笃，笃"的啄食声远去了。好长时间过去了，蛐蛐儿才壮着胆子从草丛里爬出来。

危险终于过去了！

森林重新在蛐蛐儿面前展现出它美妙、神奇的面貌。

蛐蛐儿再次上路的时候，发现自己比以前更强壮，这次强壮的不是腿脚，而是心灵！

名词剪贴板

意义疗法是一种引导人们寻找和发现生命的意义、树立明确的生活目标、以积极向上的态度来面对和驾驭生活的心理治疗方法。

只要找到自己生命存在的意义，懂得"为何"而活着，去迎接"任何"困难，就会从此走上追求生命意义的人生道路，从中体验到真正的人生幸福。

晒客一族

欢迎大家光荣地加入晒客一族啦，我们一起来晒晒吧。

晒糗事：

小红点：差点做了逃兵，差点被山鸡吃掉。

兰精灵：有一次，我派两位同学出去搬书了，自己继续讲课，转了一圈儿，忽然发现空着两个座位，脱口就问："这两位同学干吗去啦？"哄堂大笑！我汗！

小朋友甲：我，我，有一次反穿着 T 恤上学去啦。

小朋友乙：……

晒目标：

小红点：俺的目标不用说吧，地球人都知道，看大海啦。

兰精灵：做一个为孩子们写书的幸福的人！

小朋友甲：百度中……

小朋友乙：搜狗就能搜到它……

（七）经历是财富，自由是幸福

鸡口逃生的小蛐蛐儿，重新活泼快乐地蹦跳在路上了，森林已经被它甩在后面，树叶的交响曲渐渐远去，只留下袅袅的余音还回荡在它的耳边。

它还不知道呢，爱传播新闻的百灵鸟早就把蛐蛐儿"小小歌唱家"的美名传扬开来了。

一条大河奔涌着，向东流去。

蛐蛐儿来到河边的方式很是不雅，呵呵，它一个跤就从高坡上滚下来，这样倒好，速度够快。

一丛飞燕草伸出细长的手臂接住了它。

"你就是百灵鸟说的那个要去远方的小小的歌唱家？"

蛐蛐儿不好意思地笑了笑，"我要去大海，你们能帮我吗？"

"顺水漂流吧，河的尽头是大海。"

有几只虫子选了一片又大又轻的叶子，咬断了叶柄，用力推到岸边，"船来了！"

有这条河做标记，狗尾巴草用不着了。

它跳上船，大家一起把树叶推进河里，树叶马上浮了起来，蛐蛐儿感觉身体轻飘飘的，从来没有过的感觉，真好！一股水流涌过来，小船开动了。

"风大的时候要抓紧！"

大家挥着手，嘱咐从来没有坐过船的小蛐蛐儿。

在平静的水面飘飘荡荡，真惬意！

不好，起风了，小船颠簸着，被渐渐大起来的风浪卷着跌跌撞撞的，蛐蛐儿紧紧地抓住突出来的叶脉，不敢有丝毫的放松。现在的河水失去了刚才温柔的情态，换上了恶狠狠的面容，好像要用自己的巨手把这个不速之客揉碎。

"砰"小船撞上了一个河心小岛，停住了。蛐蛐儿跳到了岛上。

风浪也在冲击着小岛，蛐蛐儿又往岛中央跳了跳。呵！小岛上还真热闹，小草和灌木都站不住身体，被风摆弄得东摇西晃的，岛上栖息的一些动物们，两只猴子、一只青蛙、三条蛇都吵吵嚷嚷，窜过来跳过去。

风浪慢慢小了，青蛙发现了蛐蛐儿，"嘿，你是谁？"

"我是一只来自北方的蛐蛐儿，叫小红点儿。"

"你就是小小歌唱家？"大家都围拢来，嗓门最大的是青蛙。

青蛙不服气！要说青蛙也有一副好嗓子，这歌唱家的名号给了别人，青蛙不甘心！

"小红点儿，你是歌唱家，我想和你来个歌唱比赛，行不？"这事儿青蛙想了好几天了。

"青蛙大哥，我算什么歌唱家呀，还是不要比了吧！"

"不行！"青蛙看蛐蛐儿有些胆怯，嗓门更大了，

"猴子和蛇，你们做评委，我要是赢了，我就是歌唱家；蛐蛐儿赢了，我送它去看海！怎么样？"青蛙腆着大大的白肚皮。

猴子和蛇是爱热闹的，当然同意。蛐蛐儿听说自己赢了，青蛙会送自己去看海，这倒是求之不得的好事，也就答应了。

蛐蛐儿先唱了刚离开家乡时的蛐蛐儿之歌。

青蛙咕呱咕呱地唱了一只老掉牙的歌谣。

蛐蛐儿又唱了狗尾巴草之歌。

青蛙咕呱咕呱地唱了一只小岛之歌。

蛐蛐儿又唱了梦中的丹桂树。

青蛙咕呱咕呱地再没有了内容。

蛐蛐儿又唱了森林的蘑菇。

蛐蛐儿又唱了野山鸡的嘴巴。

蛐蛐儿一直唱到刚刚唱过的坐船歌、风浪歌。

青蛙只剩下了咕呱咕呱地咧着大嘴傻叫唤。

蛐蛐儿甚至给青蛙现编了一首歌：

"小青蛙，呱呱呱，

想做小小的歌唱家，

离开家门走一走，

新鲜的事儿到处有，

美丽的景色能解愁，

快快跟我大海游一游。"

比赛结果，蛐蛐儿赢得了"小小歌唱家"的称号。评委点评：内容丰富，风格多样——或活泼，或忧郁，或高亢，或缠绵，或沧桑，让人回味无穷。

青蛙呢，内容陈旧，风格单调，曲调贫乏，无味极了！

青蛙输得心服口服：经历是一种财富。这个道理青蛙懂了。

又一片大树叶被推下了水，蛐蛐儿跳上船。水流急的时候，青蛙掌握方向；水流慢的时候，青蛙推着小船行进。

　　船驶进一片宽阔的水域，远远地驶来了一艘船，是艘真的小船，青蛙见得多了，蛐蛐儿可是头一次，睁大眼睛瞧着。船舷、船桨上落满了十几只静立如鹰的水鸟，一个老渔翁悠闲地划着船。

　　只见水鸟们被赶下水，用它们长长的尖嘴巴叼住鱼吞下去，然后被渔翁用勒住脖子的绳子拖上来，挤出吞下去的鱼，然后又赶下船去。

　　蛐蛐儿可真是惊呆了，"残酷呀！"

　　"这是鱼鹰，是渔翁养来捕鱼的，它们吞下去的鱼根本咽不到肚子里，就被渔人挤出来了。"青蛙做介绍。

　　"可怜呀！"蛐蛐儿伸了伸腿，做了几个弹跳动作，又摸了摸自己的脖子，冒出一句话："我简直幸福死了。"

　　"什么叫幸福，

　　能伸伸胳膊腿儿就叫幸福，

　　能翻个跟头就叫幸福，

　　想跳就跳，

　　想唱就唱，

　　想吃就吃，

　　想笑就笑，

　　想去哪就去哪，

　　身上少根绳子，

　　哈哈，这就叫幸福！

　　我会珍惜，你会吗？"

　　"咕呱！我会，我会。"青蛙鼓着肚皮叫着，两条后腿划得更有劲了。青蛙划出的粼波慢慢向后散去。眼前开阔起来了，大海就要到了。

（八）蛐蛐儿的一声长啸

　　真正面对大海了，蛐蛐儿却呆住了，渺小感瞬间击溃了它。

　　月亮把清冷的光辉洒在无边无际的海面上，天空和海面间弥漫了一层淡淡的水汽，好像能看得清是一粒一粒的极小极小的水珠儿悬在月光里，散漫又轻盈，精灵一般。

"和海相比，我太小了，太小了。"蛐蛐儿喃喃自语，有点自卑，又有些心灰意冷。

蛐蛐儿懒懒地躺着，昏昏沉沉。

把它弄醒的，是哗哗的水声，青蛙早已在一旁激动地跳着，"潮来了，要涨潮了。"它见过一条从海里游到河心小岛上做客的鱼，知道涨潮和落潮。那条鱼还向它解释过涨潮跟什么太阳和月亮、地球的运行有关，这些它没有听懂，也没有耐心搞明白，所以，它也就没有能力向蛐蛐儿解释。

"我听说涨潮可壮观了。"

"什么叫壮观？"

"我也不知道，咱们往后退退吧，要不潮来了，把你卷走就坏了。"

它们退到一块怪模怪样的岩石后面，看海水已经一波一波地朝海岸涌了过来，白白的浪花卷得很高，落下来拍击海岸发出"哗哗"的声音，这一层波浪还不及退去，又一层波浪迫不及待地滚来了，一波比一波高，一浪比一浪凶猛。

现在，整个海水都沸腾起来了，大有把所有的海水都倾倒在沙滩上的意思。

浪头更高了，象一堵堵雪白的高墙轰隆隆地滚来，然后，狠狠地砸在沙滩上，下一个浪头带着一点轻视，好像看不起上一个浪头似的，用了更凶猛的气势，压倒前者的气势，恶狠狠地扑过来，拍击着它们够得着的东西，沙滩软绵绵的倒没什么，只是那些突兀在岸边的岩石，可倒霉了，发出呻吟一般的吼叫，击碎了波浪，溅起浪花朵朵，浓重的海腥味扑鼻而来。水雾顿时迷糊了蛐蛐儿和青蛙的眼睛。

蛐蛐儿简直惊呆了，这就叫壮观？这就叫气势？蛐蛐儿觉得自己浑身竟然有些颤抖，那小小的胸膛里好像有一点什么东西在萌生，它想使劲地跳，想敞开嗓子唱，想扯开喉咙喊。它觉得自己好像站到了那块岩石突出的尖儿上，这么一想，它果真就跳上去了。急得青蛙在下面蹦个不停，咕呱、咕呱地叫着，蛐蛐儿什么都听不见了，眼里只有翻滚的巨

浪，耳朵里只有巨浪的轰鸣声，它要汇入这一切，它发出了前所未有巨大的声音：

"雪浪翻滚，

一路汹涌而来，

我站在风口浪尖，

巨浪滔天，

拍击我脚下的岩石，

岩石唱出顽强的歌儿，

我站在岩石顶上，

放眼大海，

豪情，豪情，

充满怀

我唱，我歌唱，

我跳，我跳跃，

我幸，我幸运，

我看到了大海，

我看到了自己。

啊！"

一声蛐蛐儿独特的长啸汇入了滚滚涛声，马上就被翻卷进了大海，消失得无影无踪了。只有蛐蛐儿能听见它的回声，因为那回声在蛐蛐儿自己的心中。

潮终于退去了,从此蛐蛐儿的歌声里有了涛声,有了傲视一切的豪情!

名词剪贴板

高峰体验

美国的心理学家马斯洛在调查一批有相当成就的人士时，发现他们常常提到生命中曾有过的一种特殊经历：感受到一种发自心灵深处的战

栗、欣快、满足、超然的情绪体验。从此，生命就发生了转折，有了新的追求。马斯洛把这种感受叫作"高峰体验"。

小红点恍然大悟：原来，我也挤到成功人士圈子里，感受了一把"高峰体验"哈。

1. 高峰体验是一种忘我的状态，认为人生最好的状态就是"在路上"。

2. 高峰体验是一种自我肯定、自我认可、自我价值获得的心理状态。

3. 高峰体验是一种纯粹的满足感，一种纯粹的兴高采烈或欢悦的情感体验，是一种自信、安详和愉悦的心理状态。

晒客一族（晒高峰体验）

李子勋（心理学家）：独自凝望星空的时候，开始有一种莫名的恐慌，慢慢地，一种平和、静谧、愉悦的感觉淹没了我。

米歇尔（美国宇航员）：在阿波罗登月仓中，从宇宙中遥望美丽的地球而获得高峰体验，刹那间他知道了"宇宙的意义和方向，人类的追求必须提升到全球的资源共享，世界才会是可持续的"，他重返地球后，放弃了太空生涯，投身于环境与生态的运动。

小红点儿（小蛐蛐）：看到大海涨

> 小朋友们，你们有过高峰体验吗？

潮的时候，自己和海潮融为了一体，浑身的血液奔涌，一种幸福的战栗涌遍全身。

兰精灵（本书作者）：一本书完稿，敲下最后一个句号的时候，一种巨大的满足感从内心升起，抬眼看到案头静静开放的水仙，散发清幽的香味儿，成长的愉悦在空气中弥散开来。

心理自助餐

小红点儿心理自助餐厅欢迎大家光临，本店今晚供应"高峰体验"自助餐，本款自助餐自己动手、搭配合理、营养丰富。什么？什么营养？这话问得好，听我给你说：

你只要在本店品尝一次，就会念念不忘，你这位顾客说对喽，就是上瘾。在以后很长的日子里，你对自我的态度和对世界的感觉已经完全不同。每当遇到困难的时候，回忆这不平凡的愉悦满足的一刻，你的内心依然会荡漾出坚毅、活力和创造力，成为你自由、自信、自强不息的精神源泉。在这股动力的支持下，小朋友们会抵制诱惑，坚持努力，去追求下一次高峰体验。耶！在一次次的追求中，成功就在脚下哦！

怎么样？

让我们开始！

请大家谈谈你曾有过的最最快乐满足的一件事或者一段时光，或许这就是你拥有过的高峰体验哟！

（九）神奇的日月，神奇的你我

海龟们预计明天是一个看日出的好天气，因为天蓝得很，海也蓝得很，透明的空气，清新舒畅。

一只小海龟自告奋勇负责在太阳升起之前叫醒蛐蛐儿和青蛙，这只海龟每天都在太阳升起之前来沙滩散步，准误不了事儿。

大海睡了，所有的生灵都睡了，一片安详。

天还是黑漆漆的呢，蛐蛐儿就被海龟胖乎乎的腿儿推醒了，睁开蒙眬的眼睛,只能看见海龟绿豆大的亮晶晶的小眼睛叽里咕噜地转个不停。青蛙也被叫醒了。

蛐蛐儿跳上岩石,要不是青蛙和海龟们都证明自己曾站在上面看涨潮,它根本就不相信自己能跳那么高。

蛐蛐儿蹲在岩石上,青蛙蹲在岩石下,海龟自顾自地在沙滩上开始每天的散步。

远处,现出一片鱼肚白,"看,太阳快出来了。"散着步的海龟伸长脖子,往海的那边看了看,扭头对蛐蛐儿说。

那片鱼肚白渐渐亮了起来,但是还隐藏在层层叠叠的深蓝色云彩后面,渐渐带了一点桔黄色,还是那么一层一层的,散发着柔和的光彩。这层层的光亮慢慢加大它的范围,整个海天相接的地方,都变成了桔红色,长长的一带,光彩不断地向上涌去,仿佛想把云层捅开一个大窟窿似的。

海滩上静悄悄的,海龟晃着脑袋,看看蛐蛐儿,又看看青蛙,那两个呢,都睁大眼睛看着,安安静静的,连蛐蛐儿头上的触须都一动不动。

天边露出了一点红,这点红慢慢向上拱,猛然间,一个红红的太阳从海里涌了出来,只有红色,还没有光芒。但是天边的那一片海水已经在荡漾着层层迭迭的红色了。天边的云层也红彤彤的一片了。

太阳升起来了,终于发出了耀眼的光芒。

从海天相接的那一端,到自己脚下的海水,都亮闪闪地铺了一路的金光,微微晃动着,蛐蛐儿有种错觉,好像走上那条金光铺就的路,就能走近初生的太阳。

蛐蛐儿屏气看着,头上的触须一动不动。

海龟也停下了悠闲的步子,心里纳闷:"我怎么就没有发现太阳红得这么鲜艳呢!"

这个蛐蛐儿真是个神奇的小东西。

它不知道,蛐蛐儿也被一种神奇的力量感动着。

神奇的大海;神奇的潮涨、潮落;神奇的新月、满月;神奇的日出、日落……世界怎么能孕育这么多的神奇?还有神奇的青蛙,心甘情愿地护送自己到海边!

"还有自己，一路坚持不放弃，就真的来到了海边，"就那么细细的六条腿，一步一步跳到海边！

蛐蛐儿用后腿支撑着身体，挥舞着两只前腿，对着太阳，

"太阳是神奇的，

早上升起，晚上落下。

大海是神奇的，

潮起时雄壮，潮落时温柔。

月亮是神奇的，

有时圆满，有时残缺。

螃蟹是神奇的，

挥舞钳子对付来犯者，

勇猛。

海龟是神奇的，

海里游海滩走，

自在。

青蛙是神奇的，

白肚皮大嗓门又会跳又会游，

羡慕。

蛐蛐儿也是神奇的，

小小的头、细细的腿千里走，

坚持。

我们都是世界上的一个存在，

因为存在，我们神奇，

因为努力，我们神奇，

因为坚持，我们神奇。"

歌声中，青蛙和海龟都把胸脯挺得直直的。

太阳驱走了黑暗，蛐蛐儿和青蛙该走了。海龟依依不舍地向海里游去，不住地回头张望。

它们要沿着河边走回到上船的地方去，那里除了有飞燕草外，肯定

还有蛐蛐儿留下的记号：狗尾巴草。它们想必已经发芽了，因为春风已经从更远的南方吹过来了。

心理游戏时间

游戏地点：老杨树下。

参加人员：小红点和所有读者小朋友们。

游戏道具：一个本子、一支笔。

游戏步骤：

1. 每人在杨树下捡一片杨树叶子。

2. 好好看看自己手中的那一片杨树叶，要认真再认真、仔细再仔细哟！然后把树叶放到纸上，用笔把它的轮廓描画下来。

3. 画好后，把杨树叶都放到地上，好大的一堆呢。

4. 现在，所有人的树叶都混到一起了，那么，睁大你的"火眼金睛"，拿着你本子上的树叶轮廓，找一找属于你的那片叶子。

5. 最后，大家拿着本子上的树叶轮廓，找一找，比一比，看能不能找到一模一样的两片叶子。

> 看起来长得蛮像的，但是一比较，还真没有一模一样的呢。

世界上没有一模一样的两片树叶，也没有一模一样的两个人。

猜谜语

一物有圆也有方，

白天夜晚亮堂堂，

随时随地拿起它，

像看见珍宝一样。

　　（打一生活用品）

谜底见某某页《雕花魔镜》一文处。

　　（谜底：镜子。小红点儿解释：我们在镜子里看到的是我们每个人的足迹，每个人都是独一无二的生命，是我们自己的珍宝，小朋友们，好好爱自己哟！）

（十）蛐蛐儿回来了

飞燕草听到了，"蛐蛐儿回来了。"

狗尾巴草也听到了，"蛐蛐儿回来了。"

整个草地激动起来了。

青蛙回岛上去了，分手有一点惆怅。

来时，蛐蛐儿洒落了一地的种子；回去时，蛐蛐儿洒落了一路的歌声和欢乐。

蛐蛐儿在狗尾巴草长就的路上蹦蹦跳跳。

百灵鸟是在一次飞行中，发现蛐蛐儿的，蛐蛐儿正一步步跳着。

"小歌唱家，爬到我背上来吧，我带你一段路！"

蛐蛐儿垂下触须想了想，"谢谢你，百灵鸟，我还是慢慢跳吧，有好多伙伴都惦记着我，我得见见它们，我有这个责任。"

"好样的，我把这个消息先告诉大家。"

森林里掀起了一股欢迎蛐蛐儿归来的热潮。

在丹桂树的念叨声中，蛐蛐儿终于跳过来了。

巨大的惊喜淹没了它。

"亲爱的丹桂树，你浑身的叶子都散发着花朵般的香气呀！"蛐蛐儿使尽浑身力气，跳进丹桂树的枝叶间，贪婪地吮吸久违的芳香。

最美丽的蝴蝶飞来了，"我一直在等你回来，为你的歌唱会伴舞。"

要不是丹桂树作证，蛐蛐儿根本不会想到一条毛毛虫会变得这样美丽。

一生的经历，是这样的丰富。美妙、凶险、幸福、雄壮，温柔和神奇浓缩了，连蝴蝶都感觉自己的翅膀沉甸甸的，只有心，快乐得倒像要飞起来。

丹桂树只留了蛐蛐儿两个晚上，它知道，家乡的朋友们会更加牵挂蛐蛐儿。

桃树开花了，粉红的花瓣娇嫩娇嫩的。每一朵花都传递同一个心愿："希望蛐蛐儿能安全回来。"

蜜蜂玛丽忙忙碌碌地采蜜，蚂蚁们匆匆忙忙地来来去去，燕子夫妇也有了一窝小燕子，每天忙着找食喂养小家伙们，桃树的花谢了，飘零一地，树叶间已经能依稀看到小桃子钻出它们小小的青青的头。

一个黄昏。

金色的夕阳洒满了桃树，绿油油的叶子泛着些许金色。燕子又在枝头蹦蹦跳跳，蚂蚁们互相招呼着要回窝了。

"嗨，我的朋友们，你们还好吗？"轻轻的招呼声打破了黄昏的宁静。

"谁？是谁在说话？"桃树停止了摇曳，燕子飞了下来，蚂蚁的队伍停住了。

"我，小红点儿呀！"

"我回来了！"声音大了起来，就像在海滩岩石上的那一声呼喊。

所有的一切都发出了欢呼声，每个人都抢着问候蛐蛐儿，这一刻热闹极了。

小蜜蜂玛丽也飞来了，它用像飞机一样的嗡嗡声制止了大家的喧闹。

这一个晚上前所未有的美丽。还有好多个激动人心的夜晚。

所有的焦灼和等待都得到了报偿。有一次惊险而神奇的旅行伴随着大家。

蚂蚁碰碰蛐蛐儿的触须，上面有海潮的气息和声响呢！

蜜蜂亲亲蛐蛐儿的小嘴，好像要吮吸出丹桂树独特的香味儿呢！

小草摸摸蛐蛐儿的小腿，让自己感受森林、草地留给蛐蛐儿独特的韵味儿。

燕子拍拍蛐蛐儿的脊背，这样应该能拂去野山鸡留给蛐蛐儿的恐惧，蛐蛐儿笑了笑，"我不怕死！"

蛐蛐儿不怕死，但是死亡不可避免地要来到。这一点对谁都公平，即便你是创造了奇迹的小蛐蛐儿、大名鼎鼎的小蛐蛐儿。

蛐蛐儿的力气一天天离去，歌声一天天微弱下来。

去过远方的蛐蛐儿微笑着死去了，随风卷过的尘土慢慢掩埋了它小小的身躯，留下一生的绝唱：

"在某个时间某个情境里

我 突然醒来

时间因为这次醒来

被涂抹上了

一些颜色
正因这涂抹上的颜色
我 清晰看见
时间前行的脚步
穿着小孩子调皮的鞋子
于是 我追了上去
至少 现在
我与时间同行

曾经 不知道什么是路
但 就在现在
我 看见弯弯曲曲的
延伸到看不见的远方
几只萤火虫举起
小灯笼
遥遥地
用那几点微光
向我的心呼唤
我 朝着它们跳去
身旁的灌木丛倒退 倒退
我 爱极了这种感觉
原来 这就叫‘在路上’”

豆粒的歌声

利迪是个歌手，其实，他是个幽灵，矛盾的幽灵。有好长的一段时间，他盘旋在墓地周围，一边歌唱疯狂的黑暗，一边渴望真正的光明。

豆粒们就是在那个时候被利迪发现的。它们是近邻。

一天，阳光暖暖地照着。利迪藏进荫凉里，他能变得很小很小，豆棵间的空隙也能容纳他。

"啪"一声，惊醒了他的美梦。此刻，他正梦到让他可以疯狂、可以自由的黑暗，虽然，是在暖暖的阳光下。

"啪！"一声，"嗒"有一个什么东西砸到他的鼻尖上。

"哎哟！"蹦了起来。心里老大的不痛快，"谁？"

他的动作震动了身旁的植物，"啪，啪，啪……"声不绝于耳。

一粒粒金黄色的豆粒在他眼前无规则地崩落。

"哈哈哈"揉着酸痛的鼻子尖儿，利迪放声狂笑。阳光下，惊慌失措的豆粒们争先恐后跳出豆荚，急切地想钻进土壤，来躲避这刺耳的噪声。

利迪停住了笑声，摘下了周围他能看到的豆荚，捡起地上所有的豆粒。

一会儿，他收获了一堆儿黄灿灿的豆粒。

"劳斯爵士的墓里有个铜盆，我去拿来。"利迪自言自语，离开了豆粒，走向墓地。

铜盆是劳斯爵士的殉葬品，它曾经是锈迹斑斑的，因为利迪无聊时常常擦拭，才有了现在光滑如镜的样子。

铜盆架在三块石头上了。

黄豆粒圆滚滚地躺在铜盆里。

身旁就是豆粒们的母亲：黄豆秸。为拔下这些豆秸，利迪累出了一身汗。

火，熊熊的烧起来了。一棵一棵干燥的豆秸被送进石头堆成的暂时的炉膛里，转眼间成了灰烬。

它们的孩子们——豆粒，在母亲最后热量的烘烤下，"啪，啪"跳出了死亡的舞蹈。

墓地上的黄豆熟了，

豆秸毒辣地舔着它的孩子们，

让它们的生命见鬼去吧！

让所有的生命都见鬼去吧。"

利迪和着豆粒的节拍，唱起了阴沉的魔法。

灰烬慢慢冷了，魔法却被附着在了豆粒的身上。水分被榨干了，生命力被抽尽了。它们喘息未定，浑身乏力。

"咦，怎么还有一个豆粒？"利迪弯腰捡起来。"你也跟我走吧！"扔进铜盆里。

第二天，利迪背起铜盆和豆粒，离开了墓地，"我要用我的魔法和乐器征服整个世界。"

阳光村有一丛跳舞草，风和日丽的天气，有优美的音乐响起的时候，每一个叶片都会翩翩起舞，婆娑多姿。

春寒料峭，利迪来了。刮起了一阵狂热的音乐风。

阳光下，被魔法诅咒过的豆粒，在铜盆里疯狂地舞蹈，发出激越的乐曲，利迪吼出他恣肆的诅咒。

阳光村的村民疯狂了，放纵了。

月光下，豆粒在铜盆里低沉地徘徊、哀叹。利迪低吟出对黑暗的自由的向往。

被魔法击中心底的无奈、凄凉、阴暗的人们，在音乐中呻吟，无法

自拔。

阳光在放纵中扭曲了形体和颜色。

月光在呻吟中浑浊。

村民们如痴如醉，不想学习，不想种地，不想打柴……只有跳舞草敛首低眉，一动不动，冷冷地瞧着面前的矛盾幽灵和痴迷的人们。

春天来了，空气变湿润了。

村民们苦苦的挽留阻止不了利迪征服世界的脚步。它们要去了，今天是告别演出。

音乐有些走调，干脆、阴冷的声音中夹杂着一缕异样，好象有一丝软软的柔柔的声音，在人们心里弹拨。

"错了，错了！"利迪心里大叫。"该死的豆粒！"

村民们也听出来了，侧耳捕捉那丝柔软。

结束了。

"那丝软软的，是什么？"

"你听出来了吗？那点隐隐约约的柔软，是我的幻觉吗？"

村民们议论纷纷，散去了。

利迪搅动着铜盆里的豆粒，细听它们发出的哗哗声，仔细感受它们掠过指缝的感觉，那丝柔软在哪里？

每一粒都是死的，每一粒都是僵硬的、古板的。

僵硬的豆粒发不出柔软的声音。

一粒粒的黄豆在利迪的指间滑过。

突然，手指停住了，一份柔软，充盈着水分、萌动着生命的柔软夹在幽灵利迪的指缝里，多想让这柔软在指间多停留一会儿。

"让这该死的想法见鬼去吧！"

手指的动作比念头还快，柔软豆粒早已飞了出去，利迪茫然地望望，眼前只有一蓬孤零零的跳舞草，什么都没有了！他干干净净地拍拍手。

"什么都没有了，你算什么跳舞草，我怎么没看见你跳过一次呢！"

利迪走了，他和曾属于他的那个豆粒再没见过面。不过，缘分还是有的。

　　豆粒滚落在跳舞草面前，它就是那个没有被炒过的豆粒，春天湿润的空气暴露了它的身份。水分进入它的身体，身体鼓胀了、柔软了，生命苏醒了，发出了真正和谐的声音。幽灵利迪给了它接近土壤的机会，它获得了重生。

　　豆粒钻进土壤，又钻出了嫩芽。它长大了，结了好多豆荚。秋天的阳光叫醒了新生的豆粒，纷纷跳落。

　　一年，又一年。

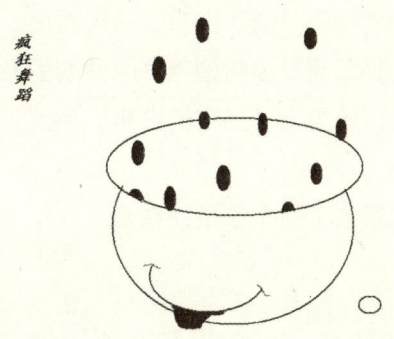

　　无数个豆粒长成无数豆棵，又结出无数个豆荚，数不清的豆荚裂开，数不清的豆粒跳落。

　　"啪，啪，啪……"不绝于耳。

　　跳舞草随之跳起了优美的舞蹈，每对小叶或相拥，或分开，或旋转，轻盈动人。它们终于听到了流淌着生命的音乐，这是豆粒的歌声，融合着阳光，飞扬着梦想。热情，纯净，欢快！这是跳舞草的舞姿，含着欣喜，舞着憧憬。妩媚，轻盈，洒脱！生活重新风和日丽。

　　利迪重新回到了阳光村。豆粒装在布袋里，在他的肩头懒懒地垂着。铜盆不知被他扔在哪个墓地了。他的眼神空洞，连黑暗都没有。

　　太阳高高地挂在头顶，可是，他看不见。阳光也就绕过了他，匆匆忙忙地溜到豆荚们身边。它是来叫醒它们的。

　　"啪，啪……"

　　"啪，啪……"

多少年前熟悉的景象，多少次在梦中萦绕过的景象，又真实地展现在面前了。却比记忆中的那一次更为汹涌澎湃。

利迪整个人都淹没在豆粒歌声的海洋中了。伪装和防御瞬间崩溃，新鲜的皮肤、纯粹的心灵、裸露的渴望第一次和生命的歌声亲密连接。融化了，融化了！融化了！利迪在心里呐喊。

疯狂融化成了平和！

阴沉融化成了明朗！

左冲右突的矛盾终于找到了出口，一泻而出。豆粒用歌声向他讲述了自己的来历，跳舞草用舞姿向他诠释了活着的意义。

利迪留了下来，他爱上了豆粒的歌声，他盖了一间小茅屋，做了一个种豆人。

这样，我们就看到了一个快乐的精灵。

青春期心理发展的四对矛盾

看我一眼

旷野，一朵紫色的小花，很不起眼的。

不过，倘若你仔细看看的话，会发现她有一种精致的美丽，小小的花瓣，是一种很神秘浪漫的紫色，微微卷曲的边缘，娇黄的花蕊，不经意地在风中颤动。更难得的是，她站得好直呀！如果荷花不嫉妒的话，也可以称这朵小花为亭亭玉立了。当然，荷花不会介意，因为，荷花开在不远处的湖中央，可看不见这朵紫色的小花；还有，荷花是谁？那是花中的君子，这句话可是"紫色"（我们权且这样称呼那朵小花）听行人们说的，那时行人们正赶去看荷花，所以她知道不远处的湖里有一大片一大片的荷花。人家怎能和微不足道的紫色计较。

行人们说，荷花美得像仙子。仙子，紫色也没见过。但她早已在心中勾勒出了荷花的美丽了：是粉红色的，有黄色的圆圆的莲心，黄色的蕊，还有大大的绿色的荷叶呢，到底有多大呢？她认为可能比身边那棵最大的毛毛桃的叶子还要大吧！关键的是，她们荷花还长在水里，多开阔，多美！这可是紫色从行人们的片言只语中拼凑出来的。然而更关键的是：荷花有很多的观众，冒着酷暑来欣赏荷花。每天都有三五成群的人从紫色身边走过，可从没有人看过她一眼。

她很伤心的，从刚刚钻出第一抹紫色开始，就开始伤心了。因为她来到世界的第一时间里，看到的就是行色匆匆，掠她而过的看花人，看到的就是荷花的美丽。紫色没有眼泪，她太小了，露水根本就不屑于为她停留。太长的伤心凝成了一个愿望：她要长大一些，长美一些，她希望有一个人能发现她。紫色多么渴望人类的目光呀！她把这个愿望告诉了根，告诉了茎，也告诉了叶儿，他们决定帮助她。因为他们穷其一生也就孕育这么一朵呀！拼命的往土里扎，这是根能做到的，茎和叶都加快了循环的速度，小小的叶片更忙了，它的小工厂里每天加班，制造氧气和食物。他们最快乐的就是一边干活，一边听紫色给他们讲看到的景色，远处朦朦胧胧的那层水汽可能就是荷花生长的湖了，那边长着好多高高的芦苇和蒲草，天边飞过了一只燕鸥，"听到脚步声了吗？又有几个人去湖那边了。"叶子挤在杂草的缝隙中偷偷地向外张望，然后报告给了根和茎。紫色终于全部抒展开了她的花瓣，有五瓣呀！而且她长得好高、好直呀！她环顾了四周，只有一枝黄花能和她比高，其余的都矮矮的。紫色看了看那朵黄花，怯怯地问："喂，你为什么长这么高？"

"你好呀！"黄花很有礼貌，"我想长这么高就长了，没什么理由呀！"

"没有理想！"紫色的叶子说了。

"没有目标！"紫色的茎也说话了。

他们可是非常以紫色为荣的呀！

黄花笑了笑，没有生气，也没有再说话。

紫色觉得有黄花做伴很不错呀，这样能吸引人们的目光了，所以她真诚地希望黄花也长高些，长漂亮些。

但是，紫色的花期快过了，现在是她最灿烂的时刻，错过了，肯定就更不会有人注意她了。紫色心里伤心极了，可她脸上却拼命地笑着……黄花看不过去了，"紫色，你不要太伤心了，我们的价值就是开花，我们尽力地开了，有人赏也罢，无人赏也罢，不要自己苦自己了。"

一阵风吹来，紫色点点头。

这时候路上又走来了行人，里面有几个小姑娘，蹦蹦跳跳的，一路走，一路东张西望。突然，一个梳着小辫子的女孩把目光投向了这边。紫色的心怦怦直跳，"看我，看我！让我马上枯萎也可以！"

小女孩跑过来了，她终于看见紫色了，"你们来看呀，挺漂亮的紫花呀！"

三个小女孩跑来，但是，一只小手狠狠地揪住了紫色，难忍的疼痛，

她离开了赖以活命的茎叶和根，到了几个小女孩的面前，三个小脑袋挤在了一起，三双眼睛都在看紫色。

紫色忘了疼痛，用残存的力量绽开她这一生最灿烂的笑容。

小女孩继续蹦蹦跳跳地向前走了，她们也是去看荷花的。

听不见了茎叶的呼喊，和黄花的呜咽。紫色被她们带到了湖边。

她看到了满湖的荷花，比想象中的还要美。她的力量慢慢离她而去，没有了根的补充，水分在烈日的炙烤下，渐渐蒸发了，鲜艳柔嫩的花瓣开始萎靡，她的眼睛慢慢地失去了光泽……

孩子们一直带着紫色，直到往回走，终于发现她已经不是当初的她了，她已经枯萎了。孩子们带着遗憾把她又甩在地上。

径直走了。

"这不是紫色吗，紫色！紫色！"紫色微微地睁开眼睛，一阵幸福袭来。原来孩子们又把她丢回了自己的家。茎叶伸出杂草，在焦急地呼唤她呢。那朵黄花也低着头，看着她呢。

"你太傻了，为了这一眼，丢掉了生命。"黄花说。

"我看见荷花了，好美呀！我实现了愿望，我好幸福呀！"声音渐渐弱了下去。

黄花倔犟地站直了身子："我还是我的想法，有人赏我也开，无人赏，我也要灿烂地开。"

杂草和紫色的茎叶、根，静静的听着，不知道自己该同意谁的活法？

辩论赛

甲方辩手：紫花。

乙方辩手：黄花。

主持人：小红点。

辩论主题：我们为什么开花？

小红点：现在请双方辩手陈述各自观点。

紫花：我的观点是，为了有人关注而开花，美丽是需要欣赏的，没有人欣赏的美丽，有什么存在的价值吗？

黄花：我的观点是，开花是生命本能的追求，不管有没有人欣赏，都是美的。

紫花：没有人看到花开，美丽就不存在呀。

黄花：谁说没有人看到花开，我自己不是看到了吗？

紫花：我就是渴望有人关注，有人欣赏我、鼓励我，我就开得更有劲儿。

黄花：我看到了自己成长、开花的努力，并且很享受这个过程，我觉得这就挺美的。

小红点：紫花渴望关注、渴望欣赏的心情，是可以理解的；黄花自己悦纳自己，自得其乐也蛮不错的，大家说呢？不过，我小红点学到了一招：每个人都喜欢听表扬、鼓励，我以后一定要睁大眼睛，搜索朋友们的优点，使劲儿夸，天哪！朋友们，月桂树会不会越长越高？蝴蝶会不会越长越漂亮？青蛙的嗓门会不会越夸越嘹亮？

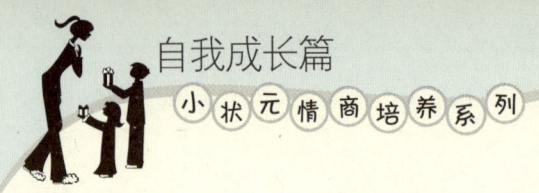
紫罗兰乐队

毽子诞生在一个老奶奶手里，最初，它们只是一块无规则的布头儿，紫罗兰的底色，星星点点点缀着粉色的小花。

老奶奶把它铰成齐齐整整的方块，一共 12 片。老奶奶戴着老花镜比量了半天，才下的剪子。不过，布头儿一点也不痛苦，因为，相比裁缝那把大剪刀，相比被遗弃在布头堆里，这些简直算不得什么！

"只有遭到过遗弃的布头儿才知道被重新利用，是一件多么值得庆祝的事儿。"听这自言自语，简直能断定这是一块智慧的布头儿。

"如果你曾经在黑暗中闲置了很久，又恰巧在闲置中爱上了思索，你也会有智慧的。"布头儿自顾自地嘟囔着。

老奶奶开始穿针引线，每一次针的穿越，每一次线的拥抱，都带给布头儿新的战栗，那是充满希望的、幸福的战栗。

布头儿太不规则，那个制造它的裁缝用大剪刀左咬一口、右咬一口，上啃一块、下啃一块。布头儿就弯弯曲曲、长短不一、粗细不齐、不伦不类了。

在布头儿堆的最里面，它学会了思索，但是那时候常含忧郁，就像今天阴云密布的天空。

"哈哈，天空阴云密布，可我却快活得想唱歌！"布头儿是没有喉咙的，但是想唱歌的愿望却是真实并且强烈的。

这个愿望竟然真的实现了。

12 个布片缝成了 6 个小口袋，每个口袋里装进去了一把黄澄澄的玉米粒，捏着口儿，提起来，发出清脆的撞击声。

"原来你们是有喉咙的，做我们的喉咙好不好？"12个布片齐声说，但是它们拿不准玉米粒听不听得到。

老奶奶把小袋子缝好口儿，又一个接一个地连起来。哈！它们手拉手、脚连脚地围成了一个圆。

"好的，我做你们的喉咙！"被折腾得晕头转向的玉米粒听到了，定了定神，才回答了布片。

"妞妞，毽子缝好了，拿去玩吧！"老奶奶一使劲，布片和玉米粒的组合划过一道弧线，落到一个小女孩的手里。

"现在我们是一个整体了，我们有喉咙了！"它们发出了响亮的声音。

"我们起个名字吧！"真的，这是大家的想法。

"人类不是有什么姐妹组合、高山组合、水木年华、花儿乐队……吗，咱们也组合吧！"

"同意！"

"叫什么呢？"

"老奶奶不是叫咱们毽子吗？就叫毽子组合！"

"太俗！没创意！"

"跳跳组合，咱们跳得多高呀！"

"太闹！"

"玉米乐队？"

"不好，太滥。"

"紫罗兰乐队？"

"同意！"

这一通叽叽喳喳就宣告了紫罗兰乐队的诞生。

组建者：老奶奶。可惜老奶奶不能分享创造的喜悦。

主唱：妞妞。唉！遗憾的是妞妞正在不知疲倦地踢毽子，毫不知情。也亏得她一直踢，才能宣告一个伟大组合的诞生。

伴唱：12个布片，数不清的玉米粒。

后勤：数不清的或长或短的丝线和针孔。

口号：不管命运把我们踢到哪里，我们都要唱响快乐的歌儿。

耶———

欢呼声停止在妞妞最后一脚上，紫罗兰乐队静静地蹲在桌上，心里却激情澎湃。

紫罗兰将是一个最伟大的组合，每一个布片、每一个玉米粒，甚至每一个线头都是这样认为的："我们有独一无二的组建者，老奶奶的手工，机器能比得了吗？我们有清秀的外表，比那些灰头土脸的沙包靓丽多了，就是那些烫着五颜六色卷发的铁片毽子，瞎赶时髦，比得上我们吗？还有，看我们的内容：黄灿灿的玉米粒，你拍我，我拍你，就这种协调，能奏出优美的交响乐，沙子能吗？铁片成吗？"

可惜，妞妞每天带着紫罗兰上学，却不知道这么一个伟大的组合一直在她翻飞起落的双脚间吟唱、舞蹈。唉！于是，每次妞妞最后一脚，紫罗兰乐队都以"唉"一声深沉的叹息结束。

不过，妞妞真是个当之无愧的好主唱，能带领它高低起落、尽情欢唱。

"什么？你不愿意被别人踢来踢去？"紫罗兰听到了什么，寻找间，看到了尘土里一只细小的蚂蚁，刚才就是它小声嘟囔来着。

"是呀！被踢来踢去，你头不晕吗？眼不花吗？自己做不得半点主，这种生活我不喜欢！"它伸了伸细腿，"我喜欢自由自在、无拘无束，想去哪就去哪。"

"你要是在黑暗中闲置过好久就不会这么想了。"

"你要是在闲置中学会了思索就不会这么想了。"

"你要是在思索中学会了接受就不会这么想了。"

"我们就是一个紫罗兰组合，就是一只毽子，只有踢来踢去才会唱出欢乐的歌儿，你看看人类，哪一个不是也在被命运踢来踢去的，何况你、我！"

蚂蚁刚要张嘴，妞妞的脚就踩住了它，一声惨叫被撕裂了。妞妞脚一碾，随即抬起，去迎接落下的紫罗兰。重见天日的蚂蚁奄奄一息。

"你，还好吗？"

"不要紧，这种事常常遇到，我也做不得半点主，我会慢慢好起来的!"蚂蚁的声音好微弱,它慢慢挪动着。

"唉!"一声叹息,妞妞收起毽子,回家了。这个晚上,紫罗兰有些惆怅。

第二天黄昏,紫罗兰再来到昨天的地方,蚂蚁已经不见了,但愿它能早点养好伤,想去哪就去哪。

歌声仍然欢快,舞姿仍然热烈。但是遗憾仍在心头:怎么才能让妞妞真正融入紫罗兰组合呢?有什么办法让她知道乐队的存在呢?

方法还没想出来,紫罗兰就和妞妞分了手。

那一天,紫罗兰飞到了一个前所未有的高度,妞妞和朋友们在扔沙包,紫罗兰乐队落在墙头上。

"妞妞救我!"紫罗兰使劲大喊。

妞妞蹦着跳着,拿来了竹竿,竹竿头笨笨地拨拉着,却没有力气救它下来。

妞妞累了,妞妞放弃了。

我们是伟大的紫罗兰乐队,我们还要快活地歌唱。

妞妞听不到我们的呼喊,妞妞眼中只有一只漂亮的毽子。这只毽子找不回来了,她还会有其他的快乐。

第一天,妞妞上学经过墙头,眼巴巴地向上望:"我的漂亮毽子!"

第二天,妞妞可怜巴巴地望墙头:"我的毽子在上面。"

第三天……

不知道从哪天开始,妞妞不再向上望了。她的书包里装了一只崭新的烫了五颜六色卷发的时髦毽儿。

紫罗兰乐队沉寂了。

院落也悄然无语。

"花儿姐姐,怎么这么安静?紫罗兰乐队呢?"是小蚂蚁,它康复了。

"蚂蚁弟弟,妞妞把紫罗兰乐队扔上了墙头,它被迫退出了舞台。"

"紫罗兰!"蚂蚁冲着墙头大叫。声音太小了。可是,我们同样无能为力。

紫罗兰乐队再一次陷入长长的闲置、长长的思索。

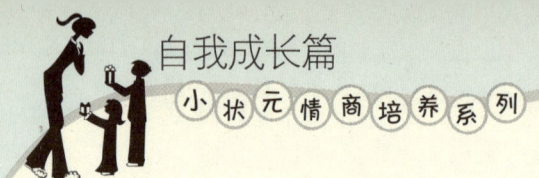

思绪被秋雨淋湿,被秋风拉长,在北风里冻僵了,又在春风里融化了。

"我痒,我痒,别挤我!"玉米粒首先从思想的隧道里钻出来,挤挤撞撞地推搡着,竟然发出了微弱的声音。这声音让布片和丝线们意识到玉米粒是活的。

布片睁开沉思的眼睛,想伸一个大大的、大大的懒腰,"刺啦"破了。布片早已泡糟了、沤烂了,没有了漂亮的颜色。丝线也失去了韧性,无法相互搂抱。

只有玉米粒在获得新生,可是它们的成长却加速了紫罗兰乐队的解体。

终于有一天,春风走近了,"呼"已经轻飘飘的玉米粒跟上了春风的裙裾,飘飞了。

布头残片随之散落。

没有伤悲。

长长的思索凝成了一个感悟:世界没有消失,因为它在我怀中。紫罗兰也没有消失,因为我在世界怀中。

如果一切都可以轮回,做一个梦的露珠吧!滴进妞妞的睡眠中,讲一个紫罗兰乐队的故事。

瞬间,它们就看不到自己了。

小红点心理诊所

症状:生活空虚,无意义感,口头禅是"没意思""无所谓"。

处方:寻找生命的意义,体验充实感。

步骤:

1. 干点活儿,从劳动中体验收获,体验平凡生活中的意义。

2. 进行画画、写字、吹口琴等等自己原来擅长和喜爱的活动,体会创造的乐趣。

3. 阅读名人传记,联系自己以前的成功、失败,讨论生活态度在对待人生逆境中的巨大作用和价值。

发芽的老桌子

一张桌子，四条腿的老桌子。

一把茶壶，崭新的紫砂壶。

茶壶坐在桌子上，懒洋洋地看着阳光穿过头顶的树叶，落在壶嘴上，热乎乎的，它就有了想说话的欲望。这么一想，话就从肚子里流了出来："桌子爷爷，您见过茶树吗？它们长得什么样？"

茶壶的话儿圆嘟嘟的，跳到桌子上，滚过来、滚过去，闹得桌子痒痒的，也就开了口："茶树嘛！我年轻的时候见过！"桌子使劲儿寻找年轻时候的记忆，"嗯，茶树是绿的，长在大山里。当年，我是树的时候，也是长在山里的，我远远地见过一棵茶树，是一只红狐狸种的，长在悬崖边上，绿绿的，伸展着枝叶，偶尔，山风会带过来一阵阵清香。"

茶壶听得出了神，好半天才说："桌子爷爷，您有腿，带我去看看茶树吧！"

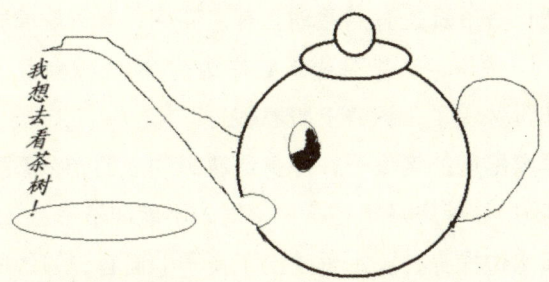

"老喽！这四条腿都要散架了！"桌子叹口气说。

"老爷爷！"茶壶伤心了，眼泪滴嗒、滴嗒落下来，砸得桌子心里酸酸的。"好吧！好吧！我豁出这条老命，带你去一趟！"

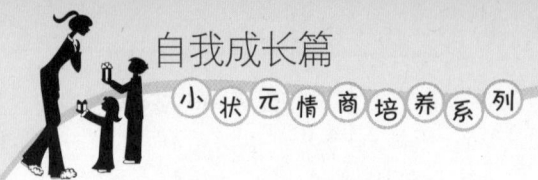

"抓紧我！"桌子嘱咐了茶壶一句，它们就出发了。

桌子迈开四条长腿，好久不走路了，浑身的关节吱扭吱扭地响，还呼哧呼哧地喘着粗气。

茶壶紧紧地抓住桌子，担心地问："老爷爷，您行吗？别累着！"

"哈哈哈！"老爷爷爽朗地笑了，"小茶壶儿，你别急，爷爷我，可是快找着感觉喽！过不了几天，我这身老骨头，就能跑起来啦！"

"真的吗？"茶壶比桌子还兴奋。

果真，没过几天，桌子就跑起来啦！茶壶可过瘾了，呼呼的风从耳朵边刮过去，帽子哗啦啦地响。它不得不一只手抓着桌子，腾出一只手来捂着脑袋。嘎嘎地笑着，笑声在风声中跳着舞，跑远了。

桌子停在一条小溪边，小溪哗啦啦地唱着歌儿欢迎它们。

老桌子多少年没流过这么多汗了，渴坏了！看见清清凉凉的小溪水，一高兴，猛一低头，脚下一滑，坏喽！桌子还有身上的茶壶都掉进水里去了。

幸好！茶壶还摁着自己的帽子，没往肚子里灌水。它翻了几个身，飘飘悠悠地扑过去，抓住老桌子的腿儿，嘴巴伸出水面，喘着粗气埋怨："老爷爷，您是要喝水还是要洗澡，也得言语一声呀！好悬，差点没把我淹死！"

桌子爷爷喝饱了水，正在洗澡呢！心情好得很："哈哈哈，小茶壶儿，没摔着吧！爷爷真是有点激动，有点莽撞，爷爷好像找着年轻的感觉啦！哈哈！"边说，边把茶壶送到岸边，"你先歇会儿，我还得再洗洗。好几十年没洗澡了，这身上脏着呢！"

从小溪里爬出来的老桌子，浑身泛着绿油油的光，茶壶嘴巴张得老大老大："妈呀！爷爷您好年轻呀！不对，不能叫爷爷，该叫哥哥了！"

桌子往溪水边探身，溪水里映出了桌子的面容，皱纹呢？满脸的皱纹呢？不见了！"哈哈！是洗澡还是跑步让我老桌子返老还童哇？"

一天天接近大山，桌子的记忆也慢慢年轻起来，那一缕淡淡的茶香，竟然也在一个黄昏，飘进了桌子的心里，就好像几十年没有离开过一样。

"小茶壶儿，咱今晚就在这儿过夜，让爷爷歇歇，明天一早就带你上山！"老桌子站在自己站过几十年的地方，有些伤感地说。

他又抬头看了看天："要是老天爷再下一场雨，我就更有劲儿了。"

话音儿刚落，一朵白云拉着一队乌云来了，乌云挤挤嚷嚷、打打闹闹，一串串泪水落下，只一会儿功夫，老桌子就痛痛快快地喝了一个饱儿。闹够了的乌云被白云拽走了，灿烂的晚霞又铺满天边。

第二天，刚蒙蒙亮，桌子就背着茶壶上路了。

一道红光一闪，一只火红火红的狐狸从山顶上窜了下来："谁？竟敢闯入我的地盘！"老桌子猛地停下脚步。

"老狐狸，你不认识我了？"

红狐狸抽抽鼻子："这味儿我熟。"它揉揉眼睛，"像是老松树，哈哈，你变桌子啦！还抹了一层防晒霜！"

老桌子使劲地点头。

"你倒不错！"红狐狸又说："做了桌子，倒长了腿儿啦！还越活越年轻。走，到我那儿去！"

一棵茶树站在山顶，叶子碧绿，芳香四溢。红狐狸从老远老远的地方打来山泉水，用小茶壶儿泡了喷香喷香的清茶。茶壶咕嘟咕嘟地冒着喷香喷香的话儿，一嘟噜一嘟噜地掉在桌子上，闹得桌子心里痒了起来。

忽然，茶壶指着桌子惊叫一声："看！桌子，发芽了！"

红狐狸也惊叫："老伙计，你发芽了！"

一只小鸟飞过来，停在茶壶嘴儿上，笑眯眯地打量着绿绿的嫩芽儿。

晒客一族（晒意义）

意义疗法的创始人弗兰克：人是由生理、心理和精神三方面的需求满足的交互作用统合而成的整体，生理需求的满足使人存在，心理需求的满足使人快乐，精神需求的满足才使人有价值感，觉得人生有意义。

人本主义心理学家马斯洛：自我实现的需要是指实现个人理想、抱

负、价值，发挥个人聪明才智的需要，能自我实现的人，才会觉得活得有意义。

老桌子：活着的意义就是充分、忘我、集中全力、全神贯注地做某件事，并且体验做事的全过程。

小茶壶：人生意义很神奇，返老还童笑眯眯，我的意义在哪里？全心全意招茶沏。

小红点：做自己喜欢做的事儿，并且相当的享受，貌似就是生命的意义。对，一定要做事，玩游戏、吃零食、睡大觉，虽然喜欢，虽然享受，但是一旦停下来会觉得空虚。记住，有意义的感觉是充实的从内向外幸福着。

精灵叽咕咕的桌子

（一）精灵族的桌子和床

精灵族的小精灵一生下来，就会拥有一张桌子和一张床，这两样东西是要跟他们一辈子的。

这张桌子很神奇，它是有生命的，会随着小精灵的长大而不断变化：小精灵长高，桌子也会长高；小精灵长胖，桌子也会变宽……陪伴每个小精灵一辈子……不过，最离奇的是，桌子会死，也就是自杀，碎成一块一块的，根本就没法再拼凑成一张桌子的模样。而且，流传下来的规矩是，哪个小精灵的桌子自杀了，他也就没有了学习的权利，只能离开学校了，除非他的桌子可以死而复生。

据说，自杀了的桌子可以复活，桌子复活了，它的主人也就可以再回学校上学了，学好多好多有用的魔法。

据说，让桌子起死回生的方法是：每天跟它说话，早晨起床后一个小时，晚上临睡前一个小时，绝不间断。但是，也许只是一个传说吧，精灵族有过自杀的桌子，却还没有听说过死而复生的，至于那些自杀了的桌子的主人，谁也不知道他们的下落。

跟桌子相比，那张床就平淡无奇了，不会变大，也不会变宽，当然也不会死。精灵小的时候，可以在大大的床上打滚，甚至翻跟头；再长大一点，床就显得小了一些，顶多只能从左边翻到右边，再从右边翻回左边；再长大了，床就更小了，小精灵只能规规矩矩地躺在床上，一翻

身就有可能掉到地上去；到最后，甚至长度也不够了，只能够蜷缩起双腿，凑凑合合地睡觉。谁也没办法，精灵族的床都是这样。

（二）叽咕咕的桌子自杀了

精灵叽咕咕早就盼着桌子自杀呢，因为，他不喜欢学校。

在学校里，他第一不喜欢的是老师米达斯。

米达斯老师每天都要提醒小精灵们二十遍：要像爱护自己的生命一样爱护自己的桌子。烦都烦死了，米达斯老师还爱发脾气，爱拿魔法藤条捅自己……

他第二不喜欢的是同桌滴哩哩。

滴哩哩每天都要提醒叽咕咕三十遍：要像爱护自己的生命一样爱护自己的桌子。

可是，叽咕咕根本听不进去，有事没事就折磨自己的桌子：拿小刀子戳它；或者在桌子上划些好深好深的道道；要不就是踢它、砸它、锤它、摇晃它直到桌子发出一声声痛苦的呻吟；甚至还趁换座位的时候，狠狠地摔它……当然，这些都是背着老师们干的，但是却瞒不了同桌滴哩哩，滴哩哩每次看见他虐待桌子，都会一本正经郑重其事地告诉他：桌子自杀的后果很严重。

"会有什么后果？"刚开始，叽咕咕还会这样好奇地问他。

可是，每次滴哩哩总是叹口气，摇摇头："不能说，说了你也不信！"

说了半天，全是废话，一点说服力都没有！

在老师眼皮子底下的时候，不能明目张胆地折磨桌子，叽咕咕就趴在桌子上睡大觉，刚开始，米达斯老师一见他睡觉，就拿可伸缩长短的魔法藤条捅醒他，可是，坐直了不到五分钟，他又会趴下呼呼大睡了。滴哩哩也会拿手去掐他，不过，滴哩哩听课相当投入，总是直到叽咕咕冒出了呼噜声，才会发现。

时光就这么往前走着，终于有一天，叽咕咕的桌子真的自杀了。

桌子倒掉的"哗啦"声，把正在专心听课的滴哩哩吓得一激灵，吓出了一脑门汗。

叽咕咕从地上爬起来，揉揉睡得迷迷糊糊的眼睛，看着自己脚底下一堆烂木块发呆。忽然，弯下腰，捡起一块，又捡起一块，"哈哈哈——"笑了起来，"我的桌子自杀了，终于自杀了！我不用上学了！哇噢喔咪滴咚——"他高兴得简直不知道说什么好了。

老师米达斯叹了口气："唉，亲爱的叽咕咕，收起你的桌子回家去吧。"

叽咕咕把烂木块往书包里装，米达斯站在他身边提醒："一块也不能丢，要不然，它就不能复活啦！不能复活，就不能再回学校了。"

叽咕咕捡木块的手迟疑了一下，然后继续收拾。滴哩哩目不转睛地看着他。

叽咕咕抱起装满桌子"尸骸"的书包，走到教室门口，回头看同学们，滴哩哩刚从桌子底下爬出来，撅着嘴看自己呢。叽咕咕冲他挥挥手，做了个鬼脸："桌子自杀的后果确实很严重哈，滴哩哩，再见了！"

（三）叽咕咕变小了

叽咕咕回到家，把书包往床底下一扔，就出去了，一直玩到天黑才回家睡觉。

……此处省略一万字

总之，叽咕咕每天都玩得昏天黑地，睡得稀里哗啦。每天晚上，睡到床上时，他都会想起躺在床底下的桌子遗骸，真应该感谢它，亲爱的桌子。

直到有一天，他从森林里回来，把自己扔到床上，舒舒服服地伸了一个大大的懒腰，嘴里念叨着："感谢亲爱的桌——"

身体忽然僵住了！

他向上伸展的双手没有碰到床头，而本来该蹬到床尾的两只脚也蹬

了一个空。叽咕咕心里一哆嗦，腾地坐起来，看看床，看看自己的脚，确实没有挨到床头。他屁股往下挪了挪，让两脚蹬住床尾，翻过身子，脸朝下趴在床上，用双手去摸床头，差老远啦——

床什么时候变长了呢？不会，床是不会变的。那么，就是自己变小了？叽咕咕听到自己的心脏砰砰直跳，他爬起来，用手捂着胸口，安慰自己："没事，变小怎么啦？变小了睡大床舒服！"

不过，自我安慰阻止不了事态的发展，接下来，他发现自己越来越贪睡，刚离开学校的时候，睡到出太阳的时候就醒了，可是今天，他却睡到了日上三竿。而且，他越来越容易疲劳，今天，他走了一天，都没有走到玫瑰园，当他终于回到家躺到床上的时候，惊骇地发现，自己变得更小了，躺在床上，就像躺着一根胡萝卜。

好可怕！

耳朵边响起了滴哩哩每天重复无数遍的话："桌子自杀的后果很严重！"越变越小，直到消失，这就是那个后果吗？怪不得没人听说过桌子复活，原来那些小精灵们都在桌子自杀后，渐渐变小、消失了！

叽咕咕"哇"地哭出来，想到世界上将不再有叽咕咕这个名字和这个身体，恐慌就像天边的乌云一样，浓浓地笼罩过来。

"不行，我不能消失！我要把桌子救活！"他一翻身跳下地，钻进床底下，找到已经落了一层灰尘的书包。咬着牙往外推，书包像一座大山一样，纹丝不动，叽咕咕只好爬上去，使劲平生力气，把拉链一点一点拉开，变小了的叽咕咕，力气也变小了。

只好一块一块往外搬，搬了整整一个晚上，最后叽咕咕在书包里转了三圈，用两只小手上下左右，摸了个遍，确信再没有木块了，才爬出来。

坐在那堆烂木块面前，叽咕咕累得直喘粗气。令桌子死而复生的办法就是跟它说话，每天早晚各一次，每次一个小时，不可以间断。他扭头瞅瞅窗外，第一缕曙光已经照了进来，开始说话吧！

（四）少了一块

叽咕咕张开嘴巴，却没有发出声音，他被自己忽然想到的一句话吓呆了。"一块也不能丢，要不然，它就不能复活……"

"完了！"叽咕咕抱起了脑袋，欲哭无泪，他想起来，那天自己故意落下了一块很小很小的木块，那时候，他根本不想桌子复活，"这下彻底完了，桌子没办法救活，我就等着消失吧！也许过不了几天，我就变成一团空气了……"

不行，我得想办法找到那块小木块，万一那块木块还在教室里呢，万一被值日生扫到了一个角落里，就在那里藏了起来呢？这么想着，叽咕咕朝学校走去。

他偷偷地爬进自己的教室，其实也不用偷偷的，小精灵们还没有上学呢！

他在教室里来来回回爬了三遍，摸遍了每一寸土地，什么都没有！他瘫坐到地上，放声大哭起来。

门外传来脚步声，"是叽咕咕吗？"门被推开了，晨光中一个影子走进来。

叽咕咕只顾哭，没有听见。直到他被人抓起来，才吓得不哭了。那人把他放到自己另一只手掌上，说："叽咕咕，果然是你，你找到了吗？"

说话的是滴哩哩。

"你怎么知道我在找东西？"好奇心战胜了恐惧，叽咕咕瞪着小圆眼睛问。

滴哩哩淡淡地一笑："我等这一天已经很久了！"

"很久了？"叽咕咕莫名其妙地重复他的话。

滴哩哩没有继续往下说，而是摊开了另一只手掌：小木块！叽咕咕故意丢掉的小木块？"呜哇叽——"叽咕咕欢呼着，在滴哩哩的手掌心翻开了连环跟头，一个接一个，差一点要跌下去了，吓得滴哩哩用另一

171

只手掌去接。叽咕咕一骨碌翻身站起来，双手抱着那块小木块，现在对于他来说，是块大木头了。

叽咕咕歪着脖子在衣领上蹭了蹭眼泪说："太高兴了，太太高兴了，它怎么会在你那儿？"

"你是故意把它丢掉的，是不是？我捡起来，只等你来找！真高兴，终于等到你了。"滴哩哩两只眼睛笑成了弯弯的月牙儿。

（五）拯救桌子咕叽叽

叽咕咕拯救桌子的行动开始了。

为了和桌子有话可说，叽咕咕到处搜索有趣的事儿，森林里的一只松鼠呀、小河里的一条小鱼呀，……都会被叽咕咕拿来，给桌子讲上一个小时。对了，他还给桌子起了个名字呢，叫作咕叽叽。

后来，他从大自然回到心里，搜肠刮肚地找记忆、找心事、找喜悦、找烦恼说给桌子听。时间一长，小精灵叽咕咕竟然离不开桌子咕叽叽了，一到说话时间，不由自主地就把腿一盘，守着那堆烂木块，念叨开了："咕叽叽，我跟你说话已经两月多了吧，咱俩也算是朋友了吧？朋友之间是无话不说的，对不对？我告诉你一件事，谁也没告诉过的，你知道我为什么不愿意学习吗？为什么上课总趴着睡觉吗？有一次，米达斯老师因为我上课说话，把咱们俩调到教室最后边去了，我挺不高兴的，你呢？咱俩要是长得人高马大的，就像咚咚跳一样，坐后边就坐后边吧，可是，咱俩都是小个子呀！……"

叽咕咕念叨着往事，一个小时就过去了，三个月也就这么过去了。

可是，他又发现老是在自己心里打转转，容易迷失在郁闷里。于是，叽咕咕就偷偷走到学校里去，趴在教室的窗户外面，听老师们讲课，听同学们上课时发生的稀罕事，回来讲给桌子咕叽叽听。

"亲爱的咕叽叽，今天算术老师讲了应用题，有一套题是这样的……"叽咕咕就把老师的解题步骤，一步一步地说给桌子咕叽叽听。叽咕咕讲着讲着，打了一个长长的呵欠，忽然想起了什么，对桌子说，"你喜欢听吗？我原来最不喜欢算术啦，你要是不喜欢听，我明天给你讲篮球比赛——"

"不要，我喜欢听算术呢！"一个细小的声音打断了叽咕咕的话。谁？谁在说话？叽咕咕转着脑袋四处张望，什么也没看见。当他把脑袋重新转回来的时候，吃惊地张大了嘴巴：一张桌子，完完整整的桌子好端端地站在床上，自己的面前呢！

"是你吗？亲爱的咕叽叽！"叽咕咕激动得声音都颤抖起来了。可是，桌子没有动静，只是默默地站着。

叽咕咕小心翼翼地搬起桌子，把它放到地上。自己重重地向后一仰，倒在了床上："乌拉！我的桌子复活啦，那不是谎言！我证明了的。哇，明天可以去上学了！"

天哪！他的双脚蹬住了床头，叽咕咕又开始生长啦！

心理学家画廊

小红点：今天我带大家认识一位很厉害、胆子还很大的生理心理学家，他叫作斯佩里，是美国人。猜猜他是研究什么的？嘿嘿，有一些聪明的小朋友貌似已经偷看了下面的图，已经知道答案了：他是研究大脑的。很厉害吧？

怎么研究？天哪！有个术语叫作"割裂脑实验"，大脑分两个半球：左半球和右半球。两个半球中间有纤维束连接，这些纤维束叫作胼胝体。左脑和右脑就是靠这个胼胝体来传递信息、协同作战的。而割裂脑就是要把这个纤维束割断，看看两个半球会怎么工作？好可怕吧？别怕，刚开始他是拿小猫、小老鼠做实验的，后来才有病人自愿做这个实验。

结果告诉我们，割断了胼胝体，我们大脑的两个半球就各自为政，谁也不理谁啦。于是，两个半球的分工也就比较清楚了。从斯佩里之后，人们逐渐认识到了右脑巨大的潜能，这都得归功于这位斯佩里先生。

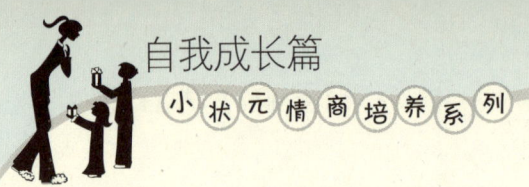
所以，斯佩里被称为"右脑先生"。

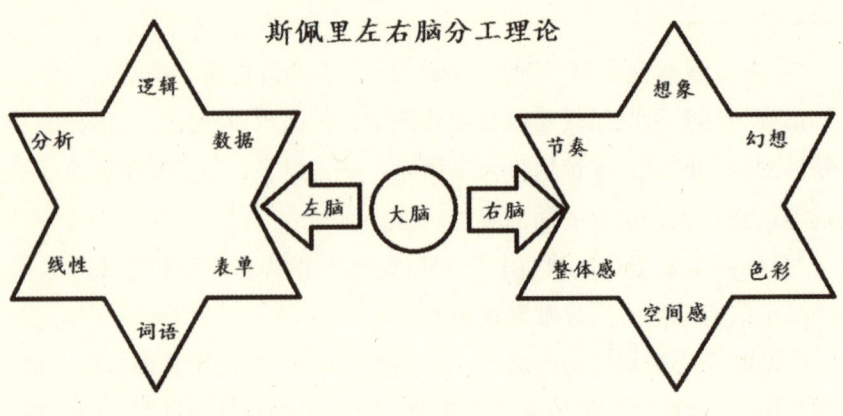

斯佩里左右脑分工理论

逻辑　分析　数据　线性　表单　词语

左脑　大脑　右脑

想象　节奏　幻想　整体感　空间感　色彩

猜一猜

我们的大脑是由很多很多的神经细胞组成的，神经细胞也叫神经元，大家摸着脑袋猜一猜：在我们的脑袋里，大约会有多少个神经细胞？

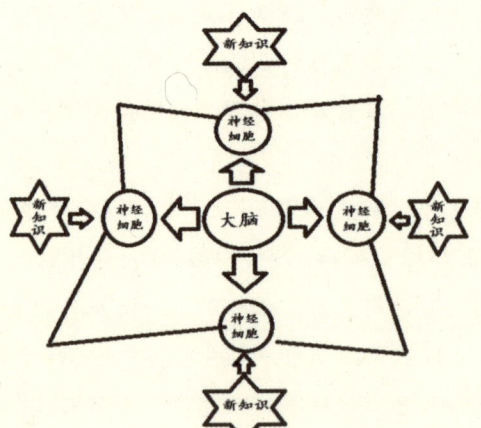

头脑聪明与否，取决于大脑神经细胞之间功能联系的多少，以及使用这种联系的频率。

大脑神经细胞之间发生功能联系的动因是学习，学习新知识的过程就是大脑不断建立新反射的过程。新反射建立得越多，大脑神经细胞之间新的功能联系也就越多；而使用这种联系的频率越高，大脑神经细胞之间的联系就越巩固，人也就变得越来越聪明。

感觉剥夺实验

实验地点：加拿大麦克吉尔大学。

主持人：某心理学家。

参加者：小红点和大学生志愿者。

实验步骤：

1. 我被关到一间貌似隔音效果极好的屋子里啦。

2. 有人给我戴上一个半透明的眼镜，什么？叫护目镜，天哪！我什么也看不见了。（剥夺视觉）

3. 又给我胳膊上戴上纸筒做的袖套，手上还带了手套，还没完呢，腿脚都用夹板夹住，不能动弹啦。我抗议，我抗议！抗议无效，触觉必须被剥夺！（剥夺触觉）

4. 他们又打开空气调节器，单调的嗡嗡声灌满了耳朵，别的什么也听不见了。（限制听觉）

5. 他们都走了，把我一个人留在了屋子里。

实验结果

人们在几小时后开始感到恐慌，八小时之后，好多人就撑不住了。几天后，会出现幻觉：比如有人说看见一大堆老鼠在行进，或者听到音乐声……四天后，就会双手发抖，不会笔直走路了，回答问题迟缓，对疼痛很敏感。

实验结论

大脑的发育、人的成长成熟是建立在与外界环境广泛接触，也就是学习的基础之上的。只有多多学习，更多地感受到和外界的联系，人才可能更多地拥有力量、更好地长大、更好地发展。

蓝蚁的成蚁礼

山脚下有一个蓝蚁家族，蓝蚁家族有一个成蚁礼，完成这个仪式的蓝蚁才算长大，离开蚁群，独自开始自己的新生活。

这个成蚁礼是什么呢？

是攀登眼前的一座小小的山头，别看这座小山头在群山里是最矮小的，可是对于蓝蚁来说，简直可以说是高不可攀的呢。攀登到山顶上，再爬下来，向王后汇报，王后会决定每一只蓝蚁的去留。

小蓝蚁铃兰要挑战小山头，她要完成自己的成蚁礼啦。

她上路了，山包好高呀！她爬呀爬呀爬，好累好累的，于是，她趴下来休息。一只喜鹊飞过来，在她的头顶盘旋。铃兰眼巴巴地看着喜鹊的翅膀，"喜鹊姐姐，你带我上山好不好？我累坏了，一步也爬不动了。"

喜鹊回头看看一眼望不到头的弯弯曲曲的山路，答应了她："好吧！"

她爬上喜鹊的脖子，藏到软软的羽毛里，喜鹊翅膀一展，只扑棱了几下，就落到了山头上。蓝蚁极目四望，"哇——山顶好美！"铃兰嗅到了飘缈着野花芳香的空气，听见了风走过树梢的脚步声。

好心肠的喜鹊把铃兰送到山脚，她爬进王宫向王后汇报："山顶的空气里有野花的芳香，在那里能听到风走过树梢的脚步声……"

"在路上的感觉呢？"

"在路上的感觉……"铃兰摸摸触角，"软绵绵的，像躺在云朵里一样轻柔。"

王后摇摇头："很抱歉，你的成蚁礼失败了，请重新开始。"

"啊？"铃兰耷拉了触角，"为什么？"

王后闭了眼睛，不再理她。没办法，铃兰走出王宫，再次站到山脚下。

她开始往上攀登，爬呀爬呀，爬呀爬呀，好累好累，好累好累。忽然，一只大蜘蛛跟荡秋千一样，一下子就荡到了她的眼前，晃晃悠悠地停住了。"蓝蚁妹妹，是要去山头吗？你这么小，腿这么细，脚这么软，什么时候才能走到山顶呢？要不要我带你去？"

"嗯——"铃兰有点犹豫，挪了挪沉沉的身子，脚丫子好疼哟，"好吧！"她爬上蛛丝，抱紧蜘蛛的腰。蜘蛛叫一声："起！"弹簧一样的蛛丝快速收缩，转眼间，就把蜘蛛和铃兰带到了山顶的一个树杈上。仍然是飘缈着野花芳香的空气，还有风走过树梢的脚步声。

然后，又搭乘蜘蛛的"高空飞索"回到了山脚。

铃兰再次去向王后汇报。"在路上的感觉呢？"王后听完她的汇报后，又问这句话。

"在路上？"铃兰不安地挪动着脚丫，不知道该怎么回答，半天才吭吭哧哧地说，"嗖———阵风——风——吹过身体——！"

王后再次摇摇头："很抱歉，你的成蚁礼失败了，请重新开始。"

"天哪！"铃兰哀求，"能告诉我为什么吗？尊贵的王后。"

可是，王后闭了眼，不再说话。

无奈，铃兰再次回到山脚下。这次她没有马上爬山，她觉得自己有必要想一想了。她坐在山脚，仰着脸发呆，一条若隐若现的小路向上延伸，肯定是通到山顶吧？

"在路上的感觉呢？"王后的话回想在耳边。

"在路上的感觉呢？"她重复着这句话，把一条前腿抬起来，举到眼前仔细端详。然后放下腿，走一走，跳一跳，向上爬一爬，忽然，她翻了一个跟头，抖落了一串银铃般的笑声，激动地大叫："我知道了！"

她拔腿就跑，没有上山，而是去了王宫。

"尊贵的王后，我知道了！"小蓝蚁铃兰兴奋的声音在空旷的王宫里回荡，"我需要用自己的脚一步步攀登到山顶，才会找到在路上的感

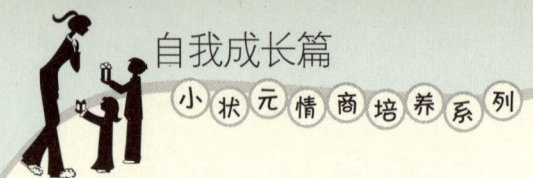
觉，对不对？不可以请别人帮忙的，是不是？"她一股脑地把自己的新发现、新感悟都倒给王后。

"恭喜你，亲爱的铃兰，你的成蚁礼已经完成，当你可以用自己的脚去行走、去攀登的时候，你就长大了，你去吧，开始你自己的新生活。祝福你！"

铃兰呆了一会儿，然后欢呼起来，一蹦一跳地出去了。

后来，蜘蛛说，在半山腰见过蓝蚁铃兰，她自己种植了一大片铃兰，然后一直快快乐乐地生活在那里。

喜鹊说，蓝蚁家族遍布整座山脉，到处都建造着他们美丽的家园。

生活的目的不是山顶，而是攀登。

名词剪贴板：

仪式

仪式是一种有意义的特定行为方式，是一个人或者一个群体通过象征的方式表达一定的感受和思想的一种特定的行为或活动。

仪式一般都是在一个特殊时刻举行，往往象征着旧的已经结束、新的将要开始，是新旧转换的一个缓冲带，在这个缓冲带里，我们的心灵回首过去、告别过去、走向新生。

（"哇——"小红点恍然大悟，"仪式貌似就是个过渡段哈，在人生这篇课文里起着承上启下的作用哦！）

仪式的作用：

1. 回顾过去，释放情绪。（"我要毕业了，回想和同学们相处的点点滴滴，我好难过哦！）

2. 构建意义，加强自我肯定，增强自我认同。（我小学毕业了，小学六年交了好多好多好朋友，学到了好多知识，收获相当大！）

3. 明确身份的变化，更轻松地开始新生活。（我是一个中学生了，要更加努力哟！）

晒客一族：晒仪式

小红点：我这次出行相当于一次成蛐蛐礼哈，我终于长大了。

蓝蚁：我的成蚁礼很重大哦，我终于可以独立生活了。

兰精灵：参加父亲的丧礼，包括清明节的祭扫，对我影响很大，我终于接受父亲的离去，借由这些仪式，表达对父亲的怀念。

小精灵叽咕咕：我想有一个开学典礼，接受我作为一个学生，开始新生活。

读者甲：毕业典礼我很向往哦！

读者乙：我采访了我妈妈，她满脸通红地说，最难忘的是她和爸爸的婚礼。我晕！

附：

四种气质类型测试

请认真阅读下列各题，对于每一题，你认为非常符合自己情况的记"+2"，比较符合的记"+1"，拿不准的记"0"，比较不符合的记"-1"，完全不符合的记"-2"。

一、题目：

1. 做事力求稳妥，一般不做无把握的事。

2. 遇到可气的事就怒不可遏，想把心里话全说出来才痛快。

3. 宁可一个人做事，不愿很多人在一起。

4. 到一个新环境很快就能适应。

5. 厌恶那些强烈的刺激，如尖叫、噪音、危险情境等。

6. 和别人争吵时总是先发制人，喜欢挑衅别人。

7. 喜欢安静的环境。

8. 善于和别人交往。

9. 是那种善于克制自己感情的人。

10. 生活有规律，很少违反作息制度。

11. 在多数情况下，情绪是乐观的。

12. 碰到陌生人觉得很拘束。

13. 遇到令人气愤的事，能很好地自我克制。

14. 做事总是有旺盛的精力。

15. 遇到事情总是举棋不定，优柔寡断。

16. 在人群中从不觉得过分拘束。

17. 情绪高昂时，觉得干什么都有趣；情绪低落时，又觉得干什么都没意思。

18. 当注意力集中于某一事物时，别的事很难使我分心。

19. 理解问题总比别人快。

20. 碰到问题总有一种极度恐怖感。

21. 对学习、工作怀有很高热情。

22. 能够长时间做枯燥单调的工作。

23. 符合兴趣的事情，干起来劲头十足，否则就不想干。

24. 一点小事就能引起情绪波动。

25. 讨厌那种需要耐心细致的工作。

26. 与人交往不卑不亢。

27. 喜欢参加热闹的活动。

28. 爱看感情细腻、描写人物内心活动的文艺作品。

29. 工作学习时间长了，常感到厌倦。

30. 不喜欢长时间谈论一个问题。

31. 愿意侃侃而谈，不愿窃窃私语。

32. 别人总是说我闷闷不乐。

33. 理解问题常比别人慢些。

34. 疲倦时只要短暂休息就能精神抖擞，重新投入工作。

35. 心里有话，宁愿自己想，不愿自己说出来。

36. 认准一个目标，就希望尽快实现，不达目的、誓不罢休。

37. 学习或工作同样一段时间后，常比别人更疲倦。

38. 做事有些莽撞，不考虑后果。

39. 老师或他人讲授新知识、新技术时总希望他讲得慢些，多重复几遍。

40. 能够很快忘记那些不愉快的事情。

41. 做作业或完成一项工作总比别人花时间多。

42. 喜欢运动量大的剧烈体育活动，或者参加文艺活动。

43. 不能很快地把注意力从一件事情上转移到另一件事情上去。

44. 接受一个任务后，就希望把它迅速解决。

45. 认为墨守成规比冒险好。

46. 能够同时注意几件事。

47. 当我烦恼时，别人很难使我高兴起来。

48. 爱看情节起伏跌宕、激动人心的小说。

49. 对工作保持认真严谨、始终一贯的态度。

50. 和周围人的关系总是相处不好。

51. 喜欢复习学过的知识，重复做熟练的工作。

52. 喜欢做变化大、花样多的工作。

53. 小时侯会背的诗歌，我似乎比别人记得清楚。

54. 别人说我"出语伤人"，可我并不觉得这样。

55. 在体育活动中，常因反应慢而落后。

56. 反应敏捷，头脑机智。

57. 喜欢有条理而不甚麻烦的工作。

58. 兴奋的事常使我失眠。

59. 老师讲新概念，常常听不懂，但弄懂以后就很难忘记。

60. 假如工作枯燥，马上就会情绪低落。

二、得分情况：

在回答完问题后，按照下面四个类型对应的题目号，把各个类型的得分分别计算出来。

胆汁质 2 6 9 14 17 21 27 31 36 38 42 48 50 54 58 总分（ ）

多血质 4 8 11 16 19 23 25 29 34 40 44 46 52 56 60 总分（ ）

黏液质 1 7 10 13 18 22 26 30 33 39 43 45 49 55 57 总分（ ）

抑郁质 3 5 12 15 20 24 28 32 35 37 41 47 51 53 59 总分（ ）

记分方法：

A. 如果某一项，或两项的得分超过 20，则为典型的该气质。

B. 如果某一项，或两项的得分在 20 分以下、10 分以上，其他各项分数较低，则为该项一般气质。

C. 若各项得分均在 10 分以下，但某项或几项得分较其余几项为高（相差 5 分以上），则为略倾向于该气质（或几项的混合），如略偏黏液质型，或多血质-胆汁质混合型，其余类推。一般来说，正分值越高，表明该气质越明显；反之，分值越低、越负，表明越不具备该项气质特征。

多血质

灵活性高。这种人情感和情绪发生迅速，表露于外，极易变化，灵活而敏捷，动作活泼好动，但往往不求甚解。工作适应力强，讨人喜欢，交际广泛。容易接受新事物，也容易见异思迁而显得轻浮。

胆汁质

这样的人情感和情绪发生迅速，爆发力很好。同时，情感和情绪消失得也快，情绪趋于外向。智力活动灵敏有力，但理解问题容易粗枝大叶；意志力坚强，不怕挫折，勇敢果断，但容易冲动，难以抑制。工作热情高，表现得雷厉风行、顽强有力。

黏液质

灵活性低。这种人情绪比较稳定，兴奋性低，变化缓慢，内向，喜欢沉思。思维和言行稳定而迟缓、冷静而踏实。对工作考虑细致周到，不折不扣，坚定地执行自己已经做出的决定，往往对已经习惯了的工作表现出高度热情，而不容易适应新的工作和环境。

抑郁质

灵活性低。这种人情绪体验深刻，不易外露。对事物有较高的敏感性，能体察到一般人所觉察不到的东西，观察事物细致。行动缓慢，多愁善感，也易于消沉，干工作常常显得信心不足，缺乏果断性。交往面较窄，常常有孤独感。

多元智能自我评估检查表

语言智能

我特别爱看书，书籍对我的意义非同一般

我在读、说、写某些字之前，脑子里似乎能听到它们的声音

对我来说，听到的比看到的更容易记忆

我喜欢玩和文字相关的游戏

语词丰富，表达准确，别人都很羡慕我脱口而出的本领

经常有人向我请教，这个字怎么念？怎么写？

在学校，我喜欢语文、历史等课程

和别人交流时我常常喜欢旁征博引

我喜欢写文章，写完后，常会有自豪感，老师也夸我写得不错

别人说过的事情可能自己都忘了，可我还一直记着

数理逻辑智能

心算对我来说是一件很容易的事情

在学校，数学课是我最喜欢的学科

我喜欢完成那些逻辑推理和智力游戏，而且从不感觉费劲，因而乐在其中

我喜欢在家里或是学校里做一些科学小实验

事物的规律、逻辑关系更能够引起我的注意

科学新发现只要一在媒体上披露，就能引起我的注意

我认为，所有的事物都应该有合理的解释

我更喜欢对事物进行逻辑思考

别人谈话中有不合乎逻辑的地方一般我都能够发现

我更愿意相信那些用数据描述的事物

空间智能

即使闭上眼睛，事物的形象也能浮现在我的眼前

我喜欢色彩，它们总是能引起我的注意

我爱用照相机、摄像机、画笔记录我看到的事物

拼图、走迷宫，是我最爱玩的游戏

夜里做过的梦醒来后我都能清楚地记得

我很少迷路或迷失方向

书本上、报纸上、墙上，只要有可能，都会留下我的笔迹

在学校，那种有图像辅助的学习对我来说更容易一些

从不同角度想象同一个事物对我来说比较容易

看漫画、卡通片是我的最爱

音乐智能

我唱歌不错

别人唱歌走调我一下子就听出来了

只要是音乐，不管是流行的，还是古典的，我都喜欢，每天必听

喜欢弹奏乐器

生活中没有音乐是一件很无聊的事情

我听过的歌曲、乐曲明显比其他同学多

听完一段旋律后，很容易就记住了，而且能跟唱

学习时，我要是边听音乐边学习，就会变得轻松起来

身体运动智能

我喜欢的事情就是运动

长时间坐着不动让我很难接受

动手编织、做模型、做木工等活动我都特别擅长

运动时，我的想法特别多，好点子好像也一下子都冒出来了

我喜欢户外活动，也喜欢那些冒险与刺激的运动

与人谈话时，我的手势、身体都在帮忙

对我来说，做过的笔听过的和看到的印象更深

我动作协调，喜欢上体育课

当要学习新技能的时候，我更喜欢自己尝试，而不是看说明书

什么东西我都想拆开来看个究竟

自省智能

我经常反省自己的行为

通过一些集体活动，我发现了我更多的优缺点

我有自己独特的兴趣、爱好

我老在想：人长大了应该做什么

别人经常评价我很敏感

周末，我更喜欢一个人独处

我觉得自己与众不同

我每天都写日记

我特别不能接受老师和父母在众人面前批评我，那样我会很难

接受

我喜欢自己独立完成一件事情

人际交流智能

在学校里我是孩子头儿，他们都喜欢和我玩

和个人运动相比，我更喜欢团体运动（跳大绳、踢足球、打篮

球等）

我遇到困难的时候通常想请别人帮忙

我的朋友很多，至少有三个以上

我最爱和别人一起玩合作游戏

我对教别人做事情和帮别人做事情都很有满足感

平时在小区里，比我大的和比我小的孩子都爱找我玩

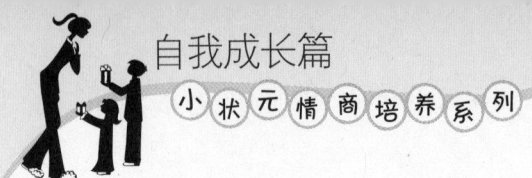

我特别喜欢人多

我喜欢参加各种社会活动

我可不喜欢一个人呆着

自然观察智能

我对自然界的奥秘特别有兴趣

只有一有机会，我就要观察自然界的动物和植物

在学校，我最喜欢的课程是自然

我想拥有那些探索自然、宇宙的工具（显微镜，放大镜，望远镜）

我老在思考：人是怎么来的？人和动物的关系是什么

电视节目中那些探索自然、介绍动物、发现科学奥秘的内容都会让我目不转睛

我做梦都想当科学家

周末，去博物馆、天文馆可比去别的地方有意思

在我眼里，动植物是有趣的，因此，我很少考虑它们是脏的还是干净的

一去书店，我就直奔自然图书系列专柜